白林薪火

浅说张氏鲁菜

张宝庭 / 著

中国商业出版社

图书在版编目 (CIP) 数据

勺林薪火 : 浅说张氏鲁菜 / 张宝庭著 . -- 北京 :
中国商业出版社 , 2017.1
ISBN 978-7-5044-9566-2

Ⅰ . ①勺… Ⅱ . ①张… Ⅲ . ①鲁菜—研究 Ⅳ .
① TS972.117

中国版本图书馆 CIP 数据核字 (2016) 第 215228 号

勺林薪火——浅说张氏鲁菜

责任编辑：刘万庆
装帧设计：北京意创广告 / yichuang.com

中国商业出版社出版发行
010-63180647
www.c-cbook.com
新华书店总店北京发行所经销
北京金康利印刷有限公司印刷

规　格：787×1092
开本：16　印张：13.5
字数：150 千字
版次：2017 年 1 月第 1 版
印次：2017 年 1 月第 1 次印刷
ISBN 978-7-5044-9566-2

定价：58.00 元
（如有印刷质量问题可更换）

张宝庭

作者简介

张宝庭，中共党员，1965 年出生，1983 年参加工作，高级技师、国家级评委、国家级裁判员、中国药膳研究会理事、中国药膳大师、中国烹饪大师。现任中共中央宣传部膳食科副科长。

张宝庭出身烹饪世家，父亲张文海是国宝级烹饪大师，本人曾得到当今鲁菜泰斗王义均先生的指教，在面点技艺方面得到了国宝级大师郭文彬先生的指点。其擅长制作鲁菜和现代官府养生菜肴以及药膳菜肴，且有较高造诣。

代表菜有：

葱扒虾子大乌参、茉莉芙蓉管廷、官府清汤燕菜、砂锅浓汤鱼翅、黑豆蒸乳鸽、海马炖双鞭。

1983 年——1993 年：北京市政府宽沟招待所餐饮部任经理兼总厨；

1993 年——2000 年：北京市政府市长餐厅任总厨；

2000 年至今，中宣部膳食科历任厨师长、副科长等职务；

2005 年获得国家职业技能竞赛裁判员、国家级餐饮业评委；

2006 年荣获“全聚德杯”烹饪大赛热菜金奖；

2007 年被中国烹饪协会授予“中华金厨奖”；

2008 年被中国药膳协会评为中国“药膳大师”；

2008 年被中国饭店协会评为中国烹饪大师；

2008 年全国烹饪大赛中直机关赛区获得银牌；

2009 年被中国药膳协会任命为理事；

2010 年 5 月出版《小嘴巴吃出大健康》一书；

2010 年 6 月参加中国饭店职业技能竞赛并被授予全国十佳烹调师；

2012 年任第七届中国药膳大赛评委、监理长；

2013 年被中国食文化研究会授予餐饮专家副主任委员；

2014 年 5 月任第七届中国烹饪大赛总决赛评委。

编 委 会

顾 问

张文海　王义均

编 委

杨登彦　王文桥　佟长友

李启贵　郑秀生　牛金生

胡桃生　焦明耀　苏永胜

翟翼翯

策 划

樊京鲁　邓芝蛟

王文桥为张宝庭题字

王文桥为张宝庭题字

焦明耀为张宝庭挥毫

牛金生为张宝庭题字

序 | 韩明

勺林后来人 薪火有传承

宝庭同志新书付梓在即，承蒙他错爱，嘱我为序。

宝庭的父亲张文海老先生是我们国家鲁菜泰斗、国宝级的大师，从事厨师职业七十年，长期在政府机关作接待工作，服务过我们国家多任党和国家的重要领导人，参与过党的第八次、第十一次全国代表大会以及第二至五届全国人民代表大会的烹饪服务，受到领导及行业同仁的高度评价与充分肯定。宝庭同志以深厚的烹饪家学，子衔父业，先后服务于北京市政府宽沟招待所、北京市政府市长餐厅以及中宣部膳食科，凭借优秀的品德、优良的工作作风以及精湛的厨艺，在烹饪行业内崭露头角。2008 年 2 月，中国饭店协会授予他中国烹饪大师称号，他在其他全国性的专业比赛上也多次获得大奖。

张宝庭把他的新书名字定为《勺林薪火》，仅从这四个字上，我们可以看到他传承"张氏鲁菜"，传承中华烹饪传统文化的信心与决心。从他的书里，我们也可以看到他对本门菜品的深刻理解，对团结同门共同壮大、发展"张氏鲁菜"的积极愿望。

中国饭店协会是经国家民政部批准成立的国家一级行业协

会，隶属于国务院国有资产监督管理委员会，并接受商务部的业务指导。成立于1994年，在中华美食界里，我们还是个"新兵"，但是协会这几年在中餐烹饪文化的传承与发展上也做了很多努力，取得了一定的成绩。我们协会下属的名厨专业委员会汇集一批来自全国各地的优秀烹饪大师、名师，共同为中华烹饪的繁荣振兴出谋划策；我们主办的中国美食节，目前已经开展了17年，从吉林、天津、济南到南京、杭州、福州、武汉，足迹走遍了祖国各地，受到社会群众的普遍欢迎，已经成为全国性美食活动知名品牌。

中华烹饪是世界性的财富，作为炎黄子孙，我们每个人都有保护、继承和发扬它的责任与使命。"张氏鲁菜"是中华烹饪文化大家庭的一分子，我们也欢迎它能够参加到我们的名厨委员会当中来，为我们增光添彩，为中华烹饪美好的明天做出贡献！

中国饭店协会会长 韩明
Han Ming,President of China Hotel Associatin

自序 | 张宝庭

勺林后来人 薪火有传承

　　国内举凡厨师行业内出书，大体有两类内容：一是菜谱，二是自传。自认为我的这本书应当属于"四不像"，专业人士看来失之于浅，普通读者又会略觉隔膜；前辈、同仁可能一哂付之，后辈、晚生又无可资鉴。本来在我这个年龄还没到出书的时候：技艺，尚未臻成熟；事业，还在发展当中；人生经验，更是总结起来为时尚早。那么，我什么要在人到中年的时候出这么一本书呢？为什么要在这时候谈谈我对"张氏鲁菜"的理解呢？这里面有这样几个原因：

　　第一，父亲年事已高。他老人家作为"张氏鲁菜"的创门人，今年已经是望九十的高龄了，老人家近年身体状况已经不比前些年，在他有生之年，把家门里的东西做一个系统性的梳理，既是我们一众弟子的孝心，也是了却父亲的一桩心事。

　　第二，家门日益兴旺。不久前，同门三代弟子有人已经开始收徒了，"张氏鲁菜"四世同堂，门人已经达到170余人，弟子入门却仍是各传各的。本门菜的特点、来历，也是说法不一，弟子们按照各人的领会、理解向下传承，难免有失偏颇，或有溢美、或有欠缺，褒贬不当。因此，也是趁着父亲身体尚健，把"张氏鲁菜"做一定的总结。"浅说张氏鲁菜"，虽说是我说，但实际上是综合了同门师兄弟们大家共同的心得，只不过由我代言罢了。

第三，传统烹饪文化走到了十字路口。进入二十一世纪以来，特别是这两年智能移动互联的兴起，国内的餐饮市场空前繁荣，各种外卖、团购、私厨蓬勃发展。对传统烹饪文化来讲，既是挑战，也是机遇，我们中华千年以降的烹饪技法如何传承，我们这些职业厨师何去何从，大家都在寻找着答案与出路。我把自己的一些体会与感悟记录下来，权当"抛砖引玉"，希望能给同行儿提供一点微末的帮助，也愿意与有志于发展中餐传统烹饪文化之士共同交流、探讨。

本书许多观念与思路仅是个人的一些管窥与浅见，未必正确，在许多前辈、大师眼里难免有班门弄斧之嫌，贻笑方家之处，还望海涵。同时希望有缘捧卷的朋友不悭墨唾，持有益以教我，则幸甚以谢！是为序。

张宝庭

2016 年 9 月

目录

目录

鲁菜 [1]

的历史

第一章 | **鲁菜的历史**

鲁菜的历史

　　中华烹饪，帮口流派，妙彩纷呈，各擅胜场。论到历史悠久、技法全面、考究功力，鲁菜唯当冠首。

　　鲁、川、苏、粤，每个菜系经过始创、流变、成熟，最短的也源起于先秦以上的历史年代，走过了几千年的时光——鲁菜发祥于春秋齐国、鲁国，川菜发祥于古巴国、蜀国，淮扬菜发祥于古吴国、楚国，粤菜发祥于秦置百越郡。菜系形成的原因多种多样，但其中有三个根本因素起着决定性的作用：天、地、人。天，气候、环境、四季更迭；地，土壤、植被、生态、物产；人，风俗、习惯。三者融和，沟通天地以达人，透过人的精神世界，反映到物质生活中，贯以烹、调、配三个根本手段，由非自觉而渐进入自觉，日积月累，具当地特色的菜系则开始固化成型。据此，大家把菜系的形成分为了自发型菜系和影响型菜系，

鲁菜是各菜系中唯一一个属于自发型的菜系。什么叫自发型菜系呢？就是"在原有的环境基础上，不受外来影响而改变自我的发展动力"，最终形成的菜系。通俗地说，鲁菜像一株独立生长的树，年轮一圈一圈沿内核向外扩展，长成枝繁叶茂的参天大树，其它菜系，在生长的过程中有嫁接、有再生、有变种。也就是说鲁菜是 100% 的"原创"菜系。支配这原创的动力有两个：

其一，"齐带山海，膏壤千里（《史记·货殖列传》）。"一句话道尽鲁菜之所以最早出现在中华饮食文明史中的原因——山东古为齐鲁之邦，地处半岛，三面环海，腹地有丘陵平原，气候适宜，四季分明。海鲜水族、粮油畜禽、蔬菜果品、昆虫野味，一应俱全，为烹饪提供了丰盛的物质条件，也直接激发了烹饪技法的多样化与复杂性。

其二，有了天造地设的基础条件，烹饪要升华为文化，离不开人：既要有烹饪技艺高超的人，也要有将其归纳总结，播之于当今、述之于后世的人。在这方面，鲁菜在中国各大菜系中是体现得最好的。齐鲁大地上，历朝历代的一众古圣先贤基于对美食的热爱与追求，发挥了他们无比的智慧与创造力，关于鲁菜的烹调理论、烹饪技法、宴筵礼仪、厨务管理等全方位的探讨与记载，不绝于书，给我们研究与传承鲁菜带来了清晰的脉络、扎实的依据，也为鲁菜的兴盛不衰提供了丰沃的成长土壤。

因此，要想做好鲁菜，必先了解其博大精深的文化内涵，梳理出鲁菜形成、发展的主脉络。

鲁菜的历史发展轨迹，以烹、调、配三元素发生的本质性变化作为衡量标准，可以归纳为古鲁菜、北鲁菜以及京鲁菜三个重要阶段。

第一节　古鲁菜

　　先秦到两晋、南北朝是古鲁菜时期。这个阶段，鲁菜奠定了菜系的理论基础，很多鲁菜的核心、灵魂性理论，在今天仍然指导着鲁菜甚至是中餐发展方向的理论，都是在这一时期形成的。由于有了"五谷、六畜"等丰沛的食材，富足、稳定的生活条件，先民们开始了历史上第一次对美食的追求。这个阶段，烹的基本方法固定成形，调的味系及混合方式得到明确，配的原理与原则开始有意识的归纳、总结。

山东诸城庖厨图

　　人们告别了"饥不择食"，出现了对食材选择的需求。《吕氏春秋·本味篇》记载了厨师的祖师爷，被奉为"厨圣"的伊尹对认识原料自然性质的理论，"夫三群之虫，水居者腥，肉玃（jué）者臊，草食者膻。臭恶犹美，皆有所以。"；《论语·乡党》记载孔子有名的"十三不食"，其中有关食材选择的就有"三不食"："食饐（yì）而餲（ài），鱼馁而肉败，不食。色恶，不食。臭恶，不食。"；《礼记·内则》说"不食雏鳖，狼去肠，狗去肾，狸去正脊，

兔去尻，狐去首，豚去脑，鱼去乙，鳖去丑。"认为动物身上的这些部位是不能进食的，否则会有损人的健康。这些浓缩在历史文字里的食材挑选原则看似简单，却是无数经验的累积、沉淀，直到今天，鲁菜始终保持着对食材近乎苛刻的要求，皆本于此。

对烹饪的基本技巧与方法进行了原始探索。首先是火，伊尹最早谈到了烹饪过程中火候的重要性："五味三材，九沸，九变，火为之纪，时疾时徐。灭腥去臊除膻，必以其胜，无失其理。"，不仅谈到火力，还强调了火力变化对食材加工的重要性。《曾连子》记"一灶五突，分烟者众，烹饪十倍"（意思是一台炉灶有五个火眼和许多排烟孔，可以提高烹饪工效十倍）。孔子说"失饪，不食。"没烹好的食物，不可以吃，直接将食材加工过程中的火候标准作为考核食品加工的主要条件。到了西汉中期，炉灶烟囱已由垂直向上改为"深曲（即烟道曲长）通火"，"高突"、"曲突"已经被广泛使用，不仅有利防火，更有助于拔高火力；灶面上一般有一个大火眼和两个或两个以上

嘉峪关魏晋墓 "吃烧烤" 砖画

的小火眼，火眼上放置不同的炊具以满足烹饪对火力要求的差异化。因此，到今天人们还有句俗话："食在中国，火在山东。"其次是食材加工工艺，孔子以一句"割不正，不食"强调了刀功在烹饪过程中的重要性；《庄子·养生主》那篇脍炙人口的"庖丁解牛"更是彰显了当时厨师高超的刀功技艺；西汉的时候实行盐铁专卖，锋利轻巧的铁质刀具得以广泛使用，改进了刀工刀法，菜形日趋美观。

再来说到烹的手法，远古鲁菜基本上是烤、炙、煮，《礼记·内则》已经出现了烹、煮、烤、烩、炮（带毛烤制）、煎等延传至今的烹饪技法。这些基本的烹饪技法构成了后来鲁菜千变万化、异彩纷呈的基础性架构。这里重点要谈到北魏时期贾思勰（山东寿光人）的《齐民要术》，贾思勰做过高阳郡太守（今天的山东临淄），期间著作此农书，这部书中记载的烹的技法已达30余种，蒸、煮、烤、酿、煎、熬、烹、炸、腊、烧、腌、酱、炖、糟、拌、冻、风干、走油等等。可以说如实反映了魏、晋、南北朝时期鲁菜的风貌与烹调水平，它也是鲁菜从食材、制法、技巧、规制诸方面形成完备系统的写照。今天，这部书仍然可以作为我们弘扬传统鲁菜，恢复古法烹调技法的一个依据与参考。

不仅如此，随着冶炼技术的发展，铁制锅釜也在此时取代了笨重的青铜器皿，推广开来，铁耐烧，传热快，更便于制菜。张骞出使西域后，食材不断丰富，外来引进食材带给鲁菜烹饪开创性的变革：尤其是胡麻的引进，出现了榨取植物油的工艺，植物油的广泛应用，使油烹菜品大量出现。铁的烹饪工具的普及与使用、榨油食材及工艺的普及，直接诱发了"炒"的烹饪技法萌芽。对鲁菜，甚至是中式烹饪具有划时代的意义的事情是：《齐民要术》书

里明确记载了"炒"的烹饪技法，这也是我国现而今发现最早的炒菜的文字记载，一共两道菜——一个炒鸡蛋、一个炒鸭肉。鲁菜中"炒"的出现，是对中式烹饪的重大贡献。

以上为烹，继之以调。

鲁菜最早开启了中华美食文化"调"味之旅。伊尹讲"调和之事，必以甘酸苦辛咸。先后多少，其齐甚微，皆有自起。""久而不弊，熟而不烂，甘而不哝，酸而不酷，咸而不减，辛而不烈，淡而不薄，肥而不腻。"另一位被公认为是鲁菜的创始者易牙也以擅长调味知名当时，王充在《论衡·谴告》里说："狄牙之调味也，酸则沃（浇）之以水，淡则加之以成，水火相变易，故膳无咸淡之失也。"通过盐、水、火三个简单的元素调出美味，易牙的确是烹饪的高手。孔子则说"不得其酱，不食"和"不撤姜"；可见当时的人对食姜入辛味已经重视到何等程度。《左传·昭公十二年》载晏子云"和如羹焉，水火醯（xī）醢（hǎi）盐梅以烹鱼肉，燀（chǎn）之以薪。宰夫和之，齐之以味，济其不及，以泄其过。君子食之，以平其心。"这基本上已经是今天我们习惯所说的"有味使之出，无味使之入"。那个时候的生民掌握的调味技巧以及调味材料还十分有限，甘、酸、苦、辛、咸也基本上各本原味或做简单的混合。但正因为这样，要想加工出让食者"惊艳"的美味，则更需要烹者的功力，努力保持食材本味。在这些理论与实践的指引下，直接形成了鲁菜几千年的烹饪思想：五味调谐，中正平和。随着时代发展，大蒜在汉代被引入，汉元帝时期编写的《急就篇》里有一句"葵韭葱薤（xiè）蓼苏姜，芜荑盐豉醯（xī）酢酱。芸蒜荠芥茱萸香，老菁襄荷冬日藏。"可以看出彼时调味食材已经丰富到何种程度。北魏《齐民要术》记载调味品有盐、豉汁、醋、酱、蜜、酒、椒、葱、姜、蒜等等。

烹、调而后，随之而来的，是人们更加讲究食材与自然天时的对应关系，更加讲究食材之间的搭配关系。《礼记》讲"春宜羔豚膳膏芗，夏宜腒鱐膳膏臊，秋宜犊麛膳膏腥，冬宜鲜羽膳膏膻"；"春用葱，秋用芥、豚；春用韭，秋用蓼"。这些都是讲究四时与食材的关系。对于食物间的进食搭配《礼记》中这样记载"蜗醢而菰食，雉羹；麦食，脯羹，鸡羹；析稌，犬羹，兔羹；和糁不蓼。濡豚，包苦实蓼；濡鸡，醢酱实蓼；濡鱼，卵酱实蓼；濡鳖，醢酱实蓼。腶修，蚳（chí）醢；脯羹，兔醢；糜肤，鱼醢；鱼脍，芥酱；麋腥，醢，酱；桃诸，梅诸，卵盐。"其中食生鱼

汉砖壁画

片配芥酱在今天的餐桌上仍可见到。

配，还体现在对日常饮馔、宴筵出品进行了明确的规定，出现了菜、食、汤、酒、调味品的搭配。《礼记·内则》当中记载上大夫的招待菜单"饭：黍，稷，稻，粱，白黍，

黄粱，稰 (xū)，穛 (zhuō)。膳：膷 (xiāng)，臐 (xūn)，膮 (xiāo)，醢，牛炙。醢，牛胾 (zì)，醢，牛脍。羊炙，羊胾，醢，豕炙。醢，豕胾，芥酱，鱼脍。雉，兔，鹑，鷃 (yàn)。饮：重醴，稻醴清糟，黍醴清糟，粱醴清糟，或以酏 (yī) 为醴，黍酏，浆，水，醷，滥。酒：清、白。"这已经是一份完整的、接近现代意义的自助餐食谱，它计有主食六种（还要区分出早熟与晚熟）、三种肉羹、三种肉酱、三种大块炙肉、四种野味、六种饮料、二种酒，这样的搭配荤素有序、粗粮细食皆有、营养选择均衡，直接影响到了今天的鲁菜宴席。

西汉的枚乘在其代表大赋《七发》里写吴客说太子以美食，译成今天的白话就是"煮熟小牛腹部的肥肉，用竹笋和香蒲来拌和。用肥狗肉熬的汤来调和，再铺上石耳菜。用楚苗山的稻米做饭，或用菰米做饭，这种米饭抟在一块就不会散开，但入口即化。于是让伊尹负责烹饪，让易牙调和味道。熊掌煮得烂熟，再用芍药酱来调味。把兽脊上的肉切成薄片制成烤肉，鲜活的鲤鱼切成生鱼片。佐以秋天变黄的紫苏，被秋露浸润过的蔬菜。用兰花泡的酒来漱口。还有用野鸡、家养的豹胎做的食物。少吃饭多喝粥，就像沸水浇在雪上一样。这是天下最好的美味了。"去掉夸张的成分，可以看出伊尹、易牙的烹饪、调味之道以及鲁菜食材的搭配原理在西汉不仅得到了很好的传承，甚至已经发扬到长江流域一带，影响着当地人对美食的理解。这个影响甚至已经传播到国外——时至今日，我们在日本料理中也会发现紫苏叶搭配生鱼片的吃法。

将烹饪理论与养生、治世紧密联系在一起，充分关照自然生态，是鲁菜另一条独有的脉络。春秋时期是中国百家争鸣、思想奔放的阶段，众多的思想家同时也是美食家，他们将自己对自然的领悟、生命的思考幻化进烹饪的哲学里，形成了独特的中餐烹饪文化，而其集大成的思想核心即是一个"和"字。"和"的外在体现为食材的选用要顺应天时，内在体现为食材的加工烹饪要做到诸味调和。《吕氏春秋·本味篇》载伊尹所述"若射御之微，阴阳之化，四时之数"，直接将烹饪的微妙之道与阴阳、四季结合在一起，要想把握食材的细微变化，必须考虑季节的因素。孔子的一句话"不时，不食。"更为有力的概括了时令与食材的关系，我们的祖先始终将人放进自然生态里去关照，直接的体现就是人的进食与自然节气的呼应，不赞成反季节的选用食材。在烹饪与饮食搭配上，《周礼》"食医"规定"掌和王之六食，六饮、六膳、百羞、百酱、八珍之齐。凡食齐视春时，羹齐视夏时，酱齐视秋时，饮齐视冬时。凡和，春多酸，夏多苦，秋多辛，冬多咸，调以滑甘"，"疡医"之职提出了"以酸养骨，以辛养筋，以咸养脉，以苦养气，以甘养肉，以滑养窍"的理论，将五味与人的养生健康进行了关联。孔子所言"肉虽多，不使胜食气。"是劝人们要注意主食与副食的适量匹配关系。这些以人为本，探寻食材、自然之间关系的成果，一直影响着后世美食家的探索方向，并对在鲁菜基础上形成的药膳产生了发轫的作用。值得一提的是，《后汉书·列女传》出现了"母亲调药膳思情笃密"这样的字句，将药字与膳字联起来使用，形成药膳这个词，可以想见这个时期，药食同源的烹饪理念已经深入民间，也为我国唐宋时期鲁菜演变出药膳这一分支提供了实践依据。

复杂的操作与加工技法，直接导致了厨务工作的细分，

形成了明确的厨务管理划分模型。《周礼·天官冢宰》记有"膳夫掌王之食饮、膳羞，以养王及后、世子。凡王之馈，食用六谷，膳用六牲，饮用六清，羞用百有二十品，珍用八物，酱用百有二十瓮。庖人掌共六畜、六兽、六禽，辨其名物。内饔掌王及后、世子膳羞之割、烹、煎、和之事。亨人掌共鼎镬，以给水、火之齐。"这对应到今天的鲁菜厨房，与厨师长、开生、撩青、灶上一一呼应，若然符节。不仅如此，书中还记述了相关的人员数量、加工、出品标准以及盘点周期及规则，现代鲁菜厨房的很多规定都能从这里找到影子。到了西汉中期经济蓬勃发展、社会稳定、民生富足，魏晋、南北朝时期，皇权频繁更迭、氏族大庄园化，统治阶层奢靡成风、攀比成风，刺激了烹饪水平高速发展。一个最直接也是很有意思的反映，就是墓葬画像石"庖厨图"在这一时期大量、密集涌现——截止到 2009 年，我国各地陆续出土汉墓葬画像石中含有"庖厨图"的计有近 60 余幅，山东一地就以 20 余幅居首位，这恐怕也是鲁菜在当时蓬勃发展的真实写照。其中，以山东诸城前凉台汉阳太守孙琮墓出土的庖厨图最具史料价值。这块 1.52m×0.76m 石块刻画了 43 位劳作的人物，我们可以从中得到几个有力的结论：红、白两案的分工，

山东诸城庖厨图

灶与案的分工大致在这时已经具备雏形，使厨师更加专业化；厨师紧身的"犊鼻"裤（围裙）已经出现在画像上，同时也可以看出来这些人物已经有了制式统一的服装；猪、牛、羊的宰杀流程已经和现在一样；肉的串制、烤制与现在的烤串儿十分接近。

《管子》有句名言："仓廪实则知礼节，衣食足则知荣辱。"事实上，对于烹饪美食的追求来说，也是人们在解决了温饱以后的更高目标，只有社会稳定、民生富足，大家才有兴趣去钻研与调配美食。先秦期的山东分立齐、鲁，既有丰足的物产，又有长期礼仪驯化，使得鲁菜从烹调理论到操作技法上都得以破茧而出，成为中华美食文化的基石。后人常说一句话"百世相传三代艺，烹坛奠基开新篇"，古鲁菜烹饪诸多方面的开创性工作，也为秦汉以降的鲁菜不断丰富、完善做好了理论与实践准备。南北朝阶段，伴随着五胡入侵、东晋南渡以及其后的南、北朝分治，大批北方贵族南迁，将烹饪技法、饮食文化与南方当地原有的食材、技法融合，从这一刻起，中国的饮食文化依托黄河、长江、珠江流域出现了较为鲜明的差异化，川、淮、粤三大菜系首度杂糅后的萌芽日益显现。

第二节　北鲁菜

唐、宋、元三代，鲁菜进入了血肉丰满的成熟时期。这个阶段，鲁菜有四个显著特征：一是由古鲁菜的专注烹

饪理论向专注烹饪实践与技法创新转变；二是进一步透过民间饮食普及到整个黄河流域，成为"北菜"的代言人；三是迭代的连续冲击，人口迁徙，使鲁菜全国性的开始影响到长江、珠江流域，尤其是对淮扬菜系、粤菜系产生了较大影响；四是烹的技法、调的风味、配的讲究、宴的礼仪、厨的分工全方位的成形、固化。

经过了古鲁菜王族宫廷与两晋、南北朝氏族庄园的堂皇富丽之后，鲁菜在其成熟期变得生机勃勃、活泼炫丽。

唐代是我国历史上第一个真正意义上的多民族国家，《大唐六典》记载的交往国家和地区多达三百余个，身处

长安，疑在异域。异族人多，带来了胡食，《新唐书》中说："贵人御馔，尽供胡食"。彼时宫廷菜中多用羊、牛，以西北烤、炙、羹、脯、脩、膗、脍烹调工艺为主，味尚甘、酸，触口酥、糯，鲁菜技法与菜式并不占优。这一点，我们可以从《清异录》记载的唐代名闻遐迩的那一顿饭——韦巨源烧尾宴中得到依据，所录58道菜食虽非全部，但作者有言"择奇异者略记"，这58道菜里面疑似鲁菜烹饪方法的只有白龙臛（治鳜肉）、箸头春（炙活鹌子）、

过门香（薄治群物入沸油烹）、冷蟾儿羹（冷蛤蜊）、葱醋鸡几道，即使全部确信无疑是鲁菜的烹法，也占不到9%，倘使作者全录，估计所占比例更小。

宋代统一，定都开封，位置已近山东，从上至下，鲁菜的影响开始显著，特别是南宋移都杭州后，君、臣思忆汴京繁华，兼及饮食，宋代《玉食批》言"偶败箧中得上每日赐太子玉食批数纸，——司膳内人所书也。如：酒醋三腰子、三鲜笋、炒鹌子、糊炒田鸡、鸡人字焙腰子、糊燠鲇鱼、江瑶、青虾辣羹、燕鱼干鱼、酒醋蹄酥片、肚儿辣羹。"较之以唐宫廷，已多见鲁菜身影。

唐、宋两朝烹调技法的差异可窥见北鲁菜在这一时期实践上的逐步成熟。现代菜肴烹饪的各种方法在唐代都已基本具备，但现代烹饪的不少用语是从宋代开始出现的，如煠、撺、萩、焐等。其中，煠清代以来写做"炸"；撺写做"汆"；萩写做"炖"；焐即"爣"，是指原料油煎炒过后，加汤汁、调料以小火收干。就具体的烹饪方法而言，宋代开始盛行炒。唐代炒法烹饪的菜肴虽有所增多，但仍未普及，尚不能与炙烤、水煮等烹饪方法相提并论，唐代用"炒"字命名的菜肴也很少。宋代，炒法烹饪渐渐得到了普及，成为当时最为流行的烹饪方法之一，市场上出现了大量用"炒"字命名的菜肴，如炒兔、生炒肺、炒蛤蜊、旋炒银杏、炒羊等。在炒的基础上，人们又发明了煎、燠、爆等多种烹饪方法。

在菜肴调味上，唐、宋两代亦有不少区别。就热菜而言，在唐代，豆豉仍是鲁菜最基本的调味料。但从宋代开始，转变为以酱为中心，之后酱再演化为酱油，形成中国鲁菜现代菜肴的调味特征。应当说，北鲁菜自宋代以后就

与今天的鲁菜有了很高的相似度；换个角度说，古鲁菜完成了理论准备，宋代以后的北鲁菜完成了实践准备。日本著名学者中村桥在其所著《宋代的菜肴与食品》中说："宋代是奠定现代中国饮食基调的重要时期，在中国饮食史上具有划时代的意义"。虽然国内饮食学者争议较大，却也一定程度上反映了"北鲁菜"与"京鲁菜"血脉相承的紧密关系。

北鲁菜在民间的发展是另一番景象。唐代临淄人段成式的《西阳杂俎》谈到当时民间的烹饪技艺说"无物不堪食，唯在火候，善均五味"。北鲁菜成期，烹饪原料进一步增加，通过陆上丝绸之路和水上丝绸之路，从西域和南洋引进一批新的蔬菜，如菠菜、莴苣、胡萝卜、丝瓜、菜豆等等。由于近海捕捞业的昌盛，海蜇、乌贼、鱼唇、鱼肚、玳瑁、对虾、海蟹等相继入馔，大大提高了海错的利用率。《大业拾遗记》记载，当时有位名厨叫杜济，"能别味，善于盐梅，亦古之符朗，今之谢讽也"。他曾创制"脆鱼含肚"的名菜。隋代的海味鱼肚，是我国食用鱼肚的开始。另据《新唐书·地理志》记载，各地向朝廷进贡的食品多得难以数计，其中，香粳、葛粉、文蛤、橄榄、槟榔、酸枣仁、高良姜、白蜜，都为食中上品。唐代的植物油，有芝麻油、豆油、菜籽油、茶油等类别；元代有胡椒、茴香、

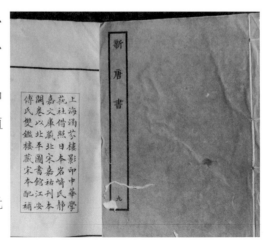

豆蔻、丁香等等天然调味品引进。由于食源充裕，食材多样化，极大的丰富了鲁菜的品种与创制空间。人们将同类原料的精品筛选出来，借用古时"八珍"一词，分别归类命名。如"山八珍"为熊掌、鹿茸、驼峰等；"水八珍"为鱼翅、鲍鱼、鱼唇（鲨鱼唇或大黄鱼唇）、海参、鳖裙、干贝、鱼脆（鲟鳇鱼的鼻骨）、蛤士蟆（雌性林蛙卵巢及其四周的黄色油膜）；"禽八珍"为红燕、飞龙（榛鸡）、鹌鹑、天鹅、鹧鸪、云雀、斑鸠、红头鹰；"草八珍"为猴头蘑、银耳、竹荪、驴窝菌、羊肚菌、花菇、黄花菜、云香信等，精品原料已系列化。

唐、宋年间，齐鲁烹饪刀工技术的应用和发展可谓登峰造极，这在唐宋年间所遗留下来的史料及诗文中多有所反映。《酉阳杂俎》记载："进士段硕尝识南孝廉者，善斫脍，索薄丝缕，轻可吹起，操刀响捷，若合节奏，因会客衒技。"宋人所撰的《同话录》中，记载了山东厨师在泰山庙会上的刀工表演，云："有一庖人，令一人袒被俯偻于地，以其被为刀几，取肉一斤，运刀细缕之，撤肉而拭，兵被无丝毫之伤。"这种刀工技艺，较之现今厨师垫绸布切肉丝的表演同出一辙，但更为绝妙。

到了有宋一代，汴梁、临安出现所谓"北食"，即指以鲁菜为代表的北方菜，北鲁菜正式定型。《东京梦华录》载：北食则矾楼李四家。宋代话本小说《赵伯升茶肆遇仁宗》写宋仁宗微服出朝门见到当时有名的酒楼——樊楼（本名"白矾楼"），南宋周密的《齐东野语》则说明了其地位及规制："樊楼乃京师酒肆之甲，饮徒常千余人"，可见当时鲁菜已经有可以接待上千人的服务能力；《汴京纪事》诗中云："忆得少年多乐事，夜深灯火上樊楼"可证

当时的鲁菜馆子营业时间至深夜。此时，大酒楼已经出现外烩服务，"四司（厨司、台盘司等）"、"六局（菜蔬局、排办局等）"各司所职。《东京梦华录》里同时还记录了樊楼这样的大酒楼里的服务情况："客坐则一人执箸纸（擦筷子的纸，类似今天餐巾纸），遍问坐客，或热或冷，或温或整，或绝冷、精浇、票浇之类，行菜（传菜）得之，近局（厨房）次立，从头唱念，报与局内。当局者谓之铛头（掌灶），又曰着案（红、白案）讫。须臾，行菜者左手权三碗。右臂自手至肩，驮叠约二十碗。"这些流程与场面，我们在清末民初的北平鲁菜馆子里依然可以得见。大酒楼以外，街面小吃不可胜数，以齐鲁为代表的面食文

庖厨图

化异常繁荣。我们以宋人张择端所画的《清明上河图》与宋人孟元老《东京梦华录》对照来看，画卷与文字丝丝入扣、笔笔吻合，生动地展现当年宋都十里长街两侧的饮食店铺鳞次栉比，一派繁荣景象。当年东京面食点林立、不胜枚举，如玉楼山洞梅花包子店、曹婆婆肉饼店、鹿家包子店、张家油饼店、郑家胡饼店、万家馒头店、孙好手馒头店等等。至于南宋京都临安，更是繁华的很，各类面食店的专卖店令客人络绎不绝。据《梦粱录》、《武林旧事》等记载，诸如制售馄饨、面条、疙瘩、馒头、包子等小食店不下数百家，肴馔品类达 600 余种之多。至此，鲁菜大系具代表性的四大面食的加工技艺业已形成，为完善鲁菜大系的烹调技术体系创造了条件。山东菜已具规模。

北鲁菜一统北菜江湖，其在民间的昌盛普及意义深远、影响巨大。这种普及开始影响其他三个菜系。两宋间，民间餐饮已经分化为北食、南食（即今之淮扬菜、苏菜）及川饭（古川菜）。而由于北宋与南宋的交替，大量黄河流域的宋人南迁，使鲁菜得以影响到长江流域的原住民饮食习惯，苏菜（淮扬菜）出现较大改变，与北鲁菜出现融合、同化。

《梦溪笔谈》卷二四中记录到："大底南人嗜咸，北人嗜甘。鱼蟹加糖蜜，盖便于北俗也。"在当时，北方人喜欢吃甜的，南方人喜欢吃咸的。到了南宋的时候，北方人大量移民南方，甜的口味逐渐传入南方，并直接保留到今天的菜系中。此为口味变异上的整体影响。

宋宫室南迁，十分怀念居北时的生活，咸命杭州市肆仿照汴京制式开设，据《都城纪胜·食店》记载："都城食店，多是旧京师人开张"，南宋时临安"湖上鱼羹宋五嫂、羊肉李七儿、奶房王家、血肚羹宋小巴家，皆当行不数者也"（《枫窗小牍》卷上）。都是南渡的东京人开设的饮食店，在杭州享有盛名，其中宋嫂鱼羹口味接近鲁菜的乌鱼蛋汤即为此缘由。另外，今天上海的草头圈子口味接近于鲁菜的九转大肠，杭州的西湖醋鱼与济南的糖醋黄河鲤鱼口味有相似之处。在烹饪技法上，爆、炒一类烹饪技术，大体上就是这时从北方传来的。如烹制鳝鱼，原来江浙一带习惯用油、酱炒，后来参考了北方的制法，才改"炒"为"爆"，并配以蒜泥，即成了南料北烹的"生爆鳝鱼"了。代表着北鲁菜的汴京饮食文化南下，与代表着淮扬菜的杭州饮食文化相结合，使南北方饮食文化珠联璧合。"南渡以来，凡二百余年，则水土既惯，饮食混淆，无南北之分矣"（《梦粱录》卷16）。

北鲁菜对粤菜的影响，则起于客家人。历史上客家人五次规模化向南方迁徙，以两宋间的第三次为关键。北宋废后隆祐太后当金兵南犯时，率领数万中原人辗转来到赣南，促进了客家民系的形成，后来扩散到闽西、粤北，历经数十年，迁徙人口达500万之多。开封大学人文学院院长赵瑾这样分析：隋唐以前的南迁北人大多以平民为主，人数较多，但缺乏文化底蕴。两宋时期的北人南迁则不同，是随朝廷官府不断南移而进行的，人数之多、范围之广都超过了以前各次迁徙。客家人正式定称于宋朝，在宋朝的户籍立册中，凡是广府语系和潮州语系的人都列入主册，北方来的人都列为客籍。这就说明，客家民系和客家文化最终形成于宋代。客家人带动了北鲁菜饮食习惯的南移，并影响到粤菜，粤菜今日口味上爽、脆、鲜、嫩的特色、烹调方法中炒、扒、烤、余等技法大抵都是此时传入。

鲁菜，在这时已经有了详细的烹调技法的记载，透过这些记载，我们可以看出其与今天的鲁菜烹制方法已无大异。元代的倪瓒，隐居于太湖，作《云林堂饮食制度集》，书中录得"爨肉羹：用脊肉先去筋膜，净切作寸段，小块略切碎，路肉上如荔枝，以葱椒盐酒腌少时，用沸汤投下，略拨动，急连汤取肉于器中养浸，以肉汁提清，入糟姜片或山药块或笋块同供，元汁。腰肚双脆：鸡脆同前法。鸡脆用胸子白肉，切作象眼骰子块，仍切碎，路如荔枝。皮余如前法"。此二道菜的烹饪手法与鲁菜的"爆"技法非常接近，只少了过油一道工序，即食材使用前的加工技法也颇为神似。元代《居家必用事类全集》庚集"划（chǎn）烧肉"条下：但诸般肉批作片，刀背槌过，滚汤蘸布纽干，入料物打拌，上划烧熟割入碟，浇五味醋供。"酥骨鱼"条下：鲫鱼二斤洗净，盐腌控干，以葛蒌酿抹鱼腹煎令皮焦放冷，用水一大碗，莳萝、川椒各一钱，马芹、桔皮各二钱，细切糖一两，豉三钱，盐一两，油二两，酒醋各一盏，葱二握，酱一匙，楮实末半两，搅匀，锅内用箬叶铺，将鱼顿放箬覆盖，倾下料物水浸没，盘合封闭，慢火养熟，其骨皆酥。与今之"浮油鸡片"、"酥鲫鱼"烹制过程相似度更高。"调和省力物料"条下：马芹、胡椒、茴香、干姜、官桂、花椒各等分碾为末，滴水随意丸，每用调和，拈破入锅，出外者尤便。这简直可以媲美今天的味精，或者说这就是天然的味精，可以看出那时的人们已经对味道调和的重视达到不可或缺的地步。

庖厨图

宴席在这时也已经发展到十分精细的程度。高宗幸清河王张俊第，供进御筵：腊脯一行：线肉条子、皂角脡子、虾腊、金山咸豉、酒醋肉……下酒十五盏：第一盏 花炊鹌子、荔枝白腰子，第二盏 奶房签、三脆羹，第三盏 羊舌签、萌芽肚[胘]，第四盏 肫掌签、鹌子炙（羹），第

五盏 肚 [肕] 脍、鸳鸯炸肚，第六盏 沙鱼脍、炒沙鱼衬汤，第七盏 鳝鱼炒鲎、鹅肫掌汤斋，第八盏 螃蟹酿橙、奶房玉蕊羹，第九盏 鲜虾蹄子脍、南炒鳝，第十盏 洗手蟹、鳜鱼假蛤俐，第十一盏 玉珍脍、螃蟹清羹，第十二盏 鹌子水晶脍、猪肚假江瑶，第十三盏 虾橙脍、虾鱼汤斋，第十四盏 水母脍、二色茧儿羹，第十五盏 蛤俐生、血粉羹。插食：炒白腰子、炙肚 [肕]、炙鹌子脯、润鸡、润兔。厨劝酒（即今天的厨师堂作）十味：江瑶炸肚、江瑶生、蛸蚱签、姜醋香螺、香螺炸肚等。食十盏二十分：莲花鸭签、三珍脍、南炒鳝、水母脍、鹌子羹、鳜鱼脍、三脆羹、洗手蟹等。

　　北鲁菜经过了八百年的漫长演变期，已与今天的鲁菜相仿佛。元代定都北京，在地理位置上与山东毗邻，既便于丰沛的齐鲁食材北上，也便于庞大的厨师队伍进京，鲁菜遂在北京开始生根。只是受到当时蒙古贵族的生活习俗与汉人差异较大，而汉人知识分子又受到近百年压制的影响，鲁菜仅能在民间底层游走，没有进入更多的士人视野。当明、清以后，一个多民族融合生息、繁盛昌明的北京给了鲁菜茁壮生长的环境，才使得它终于光大于中国，并得以成为中华烹坛雄立于世界美食之林的代表菜系。

第三节　京鲁菜

　　明、清以降，鲁菜得到了蓬勃的发展，深厚的历史积淀开始反哺于菜系的传播与传承。对于这一时期的鲁菜，除了其本地的发展、丰富以外，还出现了一个重要的事件——鲁菜进京。对此，坊间一直存在较大分歧——一说是鲁菜流传到京，并发展到影响全国，北京的菜是鲁菜的一个分支；一说是京菜像其他三大菜系一样，融合了鲁菜的因素，在此基础上创建了新的菜系。我的管见是，它应当叫"京鲁菜"，并且在鲁菜发展历史上，仿佛炒菜的创造一样，起着划时代的、至关重要的作用。因此，也需要我们认真加以关注。

透过鲁菜的发展历史，我们不难看出，在古鲁菜期，鲁菜基本上是在今天的山东范围内繁衍、流变，所以我们才称之为"自发型菜系"；到了北鲁菜期，受到隋开凿运河、少数民族入侵中原，以及宋元间大量北人南迁避祸的影响，鲁菜开始主动地在黄河、长江甚至是珠江流域产生影响，但这个影响多是以下层百姓日常交流、潜移默化为主，一缺乏专业人士，二没有完备体系，所以我们直到今天可以从三大菜系身上发现鲁菜的影子，而不能准确地界定其影响的程度。

到了明、清时期，不一样了，进入北京、传播鲁菜的是大量的社会底层手艺人——山东厨师，他们有娴熟的技艺；被服务的对象是上层社会，达官、权贵、文人墨客，他们除了垄断物质，还垄断文化，对于菜，他们能品、能评、能改，甚至能创。这样的结果，鲁菜在流播过程中反主为客，被动地接受改造。尤为难得是，这种改造不是颠覆性的，它是结合了成菜食材、加工、养生等诸多考究元素而在刀功、火功、勺功等烹的技法上的锻造，是区隔了成菜在色、香、味、触、形等诸多文化元素而在调的理念上的升华，是发于成菜在宴筵、游聚、社交等诸多场景元

素而在配的功效上的创制。如果把此前的鲁菜比喻为素颜的少女，那么这时的鲁菜就似雍容华丽的贵妇——人还是那个人，但一切的气质、形象都已经起了翻天覆地的变化，这就是把它称为"京鲁菜"的原因之一。

明、清时期，大量南人北上为官，暮年致仕（告老还乡），夸耀于乡邻在京的见识，必不可少的是美食华馔，因此，鲁菜这一历史阶段的推广大都始自北京、源于变化之后。清末及至民国初期，官员的更迭变化益加频繁，四方赴京的官员、商人、文人在京城居住一段时间后也会把鲁菜的一些技法带回到本乡，融合自己的地方菜，形成新菜品。鲁菜的交流主要出口都在北京，而交流内容也多是在京叫出名气的菜、席，可以说是"京"托起了"鲁"，并使鲁菜从地方菜演变成了"国菜"，这是称其为"京鲁菜"的又一原因。

鲁菜在"京鲁菜"这一期的发展特点是它出现了两个服务区隔并存交融的现象——此前的"古鲁菜"主要出现在宫廷或庄园，"北鲁菜"主要服务于民间社会——到了"京鲁菜"则出现了内、外之别，内则御膳、府菜、宅门儿菜，外则口子、饭庄、馆子菜。如果形象一点来区别，我们姑且可以简单地称之为"内菜"、"市菜"。"内菜"起源要早，这里面还有一个传说：明代隆庆年间，兵部尚书郭忠皋从老家将一福山厨师带回京，这位厨师参与了皇帝为宠妃办宴的烹制工作，并技压御厨，被召进宫中，后来年纪大了回到老家，皇帝病中非常怀念他做的葱烧海参、糟溜鱼片，皇后就动用了皇帝的半副銮驾到福山将其接回京城，一时名声大噪，他的老家也被改名为"銮驾庄"。郭忠皋历史上确有其人，福山到今天也确实有銮驾庄的地名，但此事仅为传说，并不可信。不过，明代宦官刘若愚所记《酌中志》中明确记载"凡遇雪，则暖室赏梅，吃炙羊肉、羊肉包、浑酒、牛乳、乳皮、乳窝卷蒸用之。先帝（天启帝或万历帝）最爱炙蛤蜊、炒鲜虾、田鸡腿及笋鸡脯，又海参、鳆鱼、鲨鱼筋、肥鸡、猪蹄筋共烩一处，恒喜用焉"。很明显，胶东食材及福山厨师此时已经进入宫中却是不争的事实，而那时很多在京的官宦、文人延聘福山、胶东的厨师也是事实。因此，至迟在明代中后期，"内菜"已经在北京出现。"市菜"出现的要晚，它的鼎盛时期是在清代道咸期间至民国三十年代前期，其来源有三：一是自"内菜"流出，既有成菜烹治方法的流出，又有从业人员的流出；二是山东人北上，先是福山人，后是济南人，从领东、堂头、灶上到红、白案，贯穿了社会餐饮的整个流程；三是囿于满人不许经商的祖训，大量旗人幕后投资，聘用山东人领东开店。这一百年间鲁菜在京独树一帜、内外双辉、妙彩纷呈、如火烹油，个中原由，特别应当引起我们的重视，并值得我们深入加以研究，对当下的鲁菜文化传承与发展有着极大的现实意义。

先来说流脉。现在我们一提到旧时的北京餐饮，大家张口就是"八大堂"、"八大楼"、"八大居"等等。其实，这些个"八大"多为的是叫着上口、吉利，有些不止，有些不够。过去北京什么都讲究森严的等级，馆子也不例外，堂、楼、居、坊、轩、斋，叫法不一，等级不同，甚

而食客也各异。

"堂"的规制最大，可承接堂会、宴会；接待规格也最高，多为王公贵族；又分为"冷庄子"与"热庄子"，换到今天的说法就是预约营业和随时营业。北平八大堂：聚贤堂、福寿堂、会贤堂、庆和堂、同和堂、惠丰堂、福庆堂、天福堂，一水儿鲁菜。聚贤堂的"炸响铃双汁"，福寿堂的"翠盖鱼翅"，会贤堂的"什锦冰碗"，庆和堂的"桂花皮渣"，同和堂的"天梯鸭掌"，都为一时之选的名菜。惠丰堂为山东福山人张克宣出资800两白银买下，张克宣与清宫御前总管太监李莲英的干儿子李季良是盟兄弟，李季良给了张克宣一笔银子，把惠丰堂整修一番，由张克宣领东，扒、烩、爆三绝，独擅烩菜，烩鸭丁鲜蘑、烩生鸡丝、烧烩爪尖、糟烩鸭肝等，有汁浓色鲜、味厚不腻的美誉。会贤堂原为光绪年间礼部侍郎斌儒的私宅，"为山左人所赁"，邓云乡在《增补燕京乡土记》中考证出清人震钧《天咫偶闻》所记中的"山左人"即为张之洞家的厨师王世焕，张之洞家住房白米斜街，后窗即对什刹海，与会贤堂隔水相望，家厨是山东烟台人，是专做鱼翅、海参、鸭子的京帮正宗，是做大菜的。

"楼"仅次于"堂"，一般不承接堂会，没有戏台，多为有钱人或名人宴聚之所。北平八大楼：东兴楼、泰丰楼、致美楼、鸿兴楼、正阳楼、新丰楼、安福楼、春华楼，之外还有一个同春楼，号称八大楼外又一楼。除春华楼经营江苏风味以外，全部为山东馆儿。东兴楼，开业于清光绪二十八年（1902年），东家是清宫廷管理书籍的官员，领东的掌柜为邹英臣、安树塘。山东胶东菜系，名菜有芙蓉鸡片、烩乌鱼蛋、酱爆鸡丁、葱烧海参、炸鸭胗等。泰丰楼，开业于清同治十三年，位于大栅栏煤市街，有房百余间，可同开席面六十多桌。山东风味，名菜有沙锅鱼翅、烩乌鱼蛋、葱烧海参、酱汁鱼、锅烧鸡等，尤以"一品锅"为著名。致美楼，开业于明末清初，原为姑苏菜馆，后改为山东菜系，位于前门外煤市街。名菜有四吃活龟、云片熊掌、三丝鱼翅、寿比南山等。鸿兴楼，是一家以饺子出名的老字号，早年于菜市口开业经营。其菜肴属山东菜系，名菜有鸡茸鱼翅、锅塌鲍鱼、葱烧海参、酒蒸鸭子、醋椒鱼等。正阳楼，开业于清咸丰三年，位于前门外肉市南口，山东肴馔，尤以螃蟹鲜肥、个大著称。名菜有小笼蒸蟹，酱汁鹌鹑、酱香鲜蟹等。新丰楼，清光绪年间开业于虎坊桥香厂路口。也是山东菜系，尤以白菜烧紫鲍、油爆肚丝及素面、杏仁元宵等著名。安福楼，是掌柜安宝熙在王府井开的山东菜馆，系承父业。以糟熘鱼片、沙锅鱼唇、芫爆肚丝等为名肴。同春楼，开业于道光年间，位于正阳门南珠市口，名菜有油爆猪肚、滑熘里脊、爆炒鱿鱼、干烧鱼、干炸丸子、赛螃蟹等。

　　"居"则又下一等，规模较小，也承接小型宴会，更多的长处按齐如山《中国馔馐谭》所讲是专备现做现吃的火候菜，固然有时火候不十分重要，但烹饪法，则与大席面不同，所以在行的人，来此吃饭，不会要整桌之菜。过去更多为进京小官、应试文人三五小酌的场合。北平八大居：福兴居、万兴居、同兴居、东兴居、万福居、广和居、同和居、砂锅居，福兴居、万兴居、同兴居、东兴居又别称"四大兴"，目前至少公认万兴居、广和居与同和居是山东菜系，广和居也兼做南味。"八大居"尤以开在北半截胡同的广和居出名，代表菜"潘鱼"、"吴鱼片"、"江

豆腐"、"三不粘"。同和居接了广和居的头厨和二厨，代表菜"九转肥肠"、"芙蓉鸡片"、"赛螃蟹"等。万兴居开在煤市街路西，大碗海参、全鸡、全鸭、扒肘子四大海组成的海参席，在八大居里为不二之选。

除了这些走"套系"的，当时北京著名的鲁菜馆子还有煤市街的丰泽园和致美斋、隆福寺的福全馆、西柳树井的明湖春以及便宜坊和全聚德。

这些山东馆子内部又有细分。一路来自福山，福山人自明清开始在北京开饭店，做厨师，形成了代代相传的谋生手段。许多人都是从幼年起进京学艺，大半生在北京献艺，过去胶东流传一句话："东洋的女人西洋的楼，福山的大师傅压全球"。张友鸾先生八十年代在《中国烹饪》撰文说："五六十年前，在北京的大饭庄，什么楼、堂、春之类，从掌柜到伙计，十之八九是山东人，厨房里的大师傅，更是一片胶东口音"。"八大楼"其中"六大楼"为福山人开办，他们被称为"胶东帮"或"福山帮"。另一路进京的山东厨师是从济南府北上，与胶东人并肩开业，被称为"济南帮"。清人夏仁虎《旧京琐记》"绸缎、粮食、饭庄皆山东人，鲁人勤苦耐劳，久遂益树势力矣"。金受申的《口福老北京》也说"北京饭馆没有纯粹的北京馆，大部只以山东馆为北京馆。山东馆堂、柜、灶全都是山东东三府的籍贯，自幼来京，一生精力，也能混个衣食不缺"。按王世襄老先生《中国名菜谱·北京风味》序言中所谈："厨

师有的来自胶东（东派），有的来自济南（西派），有的一馆同时有两派厨师，有的一馆在不同年代，先后各由一派厨师掌勺"。

　　"京鲁菜"的这一时期，山东人几乎垄断了北京的餐饮业，他们或同乡、或师徒、或东伙，形成了稳固的圈子。比如，东兴楼安树塘过世后，马松山等不满其子骄横跋扈，出走开了名噪今时的山东馆子萃华楼；新丰楼王恩甫专横逆施，名堂头栾学堂、头灶陈焕章带了20位师傅，在同德银号老板姚泽圣、西单商场经理雍胜远出资5000大洋的资助下，另立山头，开办了丰泽园；其他像安福楼的二灶牟常勋到了丰泽园，广和居与同和居，同春楼与福兴楼之间东伙转移、灶上师傅跳槽不胜枚举。还是王世襄老先生那句话："实际上是东西两派在北京大交流的几十年。东派擅长爆、炸、扒、熘、蒸，突出本味，偏于清淡。西派以汤为百鲜之源，爆、炒、烧、燎、炸，乃其所长，在清、鲜、脆、嫩之外兼有浓厚之味。经过交流的山东菜，可谓兼有两派之长，更加适合各方人士的口味。就这样，出现了与东西两派均不相同，自具特色，堪称北京风味的山东菜"。

　　北京有句老话叫"府见府，二百五"，与北京相距仅一百多公里的天津在清代中叶以后，成为北方重要的经济中心，备受皇朝器重，朝中重臣纷至沓来，津菜美味让他们饱享口福。始入近代，津城风云际会，大量前清遗老遗少、军阀政客、达官显贵寓居这里，受此影响，不少山东人也把饭馆生意开到了天津，传统的鲁菜风格对津菜的形成与发展影响很大。鲁菜在天津脍炙人口，大小餐馆遍及街巷，聚和成、义和成、聚庆成等"八大成"，会宾楼、鸿宾楼、

会芳楼、畅宾楼、迎宾楼、燕春楼等"九大楼"，登瀛楼、蓬莱春、松竹楼、同福楼等"十大饭庄"，一时与京城不相上下。尤为值得略作细说的是在天津历史最久的登瀛楼，1913年，山东人士苏振芝先生创业于当时天津繁华的南市建物街，取名登瀛楼。"登瀛"二字取自秦始皇本纪："海中有三神山，名曰蓬莱、方丈、瀛洲，仙人居之。"采用"登瀛"二字以喻山东家乡地名，又涵有文化氛围。1931年在天津法租界兰牌电车道（现滨江道）开设登瀛楼北号，一年后在北号道南增设了登瀛楼南号，1939年又在法租界山东略开设分号，取名悦宾楼饭庄。至此登瀛楼已发展到四个商号，员工总数400多人，经营高、中、低档菜品多达500余种，时为登瀛楼的全盛时期。登瀛楼的厨师们根据顾客的喜好，在天津首创了"指定名菜"的服务。像冯国璋亲点的糟蒸鸭头，华世奎想尝的拌庭菜等，其实登瀛楼此前并没有这些菜品，完全是根据顾客的需求来研究烹制的。张学良的弟弟张学铭在登瀛楼推出过著名的帅府宴，菜单也是由他亲手制定的。前清举人张志潭1917年担任北洋政府内务部次长，美食和京戏是张志潭的两大爱好。他特别喜欢鲁菜，来到天津后便成为登瀛楼饭庄的座上宾。登瀛楼的匾额即为他题写。源于对鲁菜感情，以及与登瀛楼结下的情谊，他特别将以前在清宫中吃过的醋椒鱼的做法教给厨师，使之成为了鲁菜与登瀛楼的招牌菜之一。在津已有103年历史的中华老字号登瀛楼饭庄，经营津鲁大菜，在津门家喻户晓。直到今天，每桌必点的经典菜如炸烹虾球、糟熘活鱼、金牌香酥鸡、烩乌鱼蛋等仍是津门食客心目中无可取代的老味道。这么多年，历史传承下来，一直保持传统风味，所以经久不衰。

再来就要说到这食客。餐饮市场的繁荣离不开消费它的群体，这也是"京鲁菜"走向辉煌的重要支柱。中国有句老话叫"没有君子，不养艺人。"这话说的是旧时艺人沿街卖艺，进项全靠人自愿付钱，如果不是君子，白看不给钱，艺人就得饿肚子，只有君子养活了艺人，他们才能生存下去。事实上，对于百年间栖息着"京鲁菜"的大小饭庄、馆子而言，这道理同样适用——要不是有那么多讲究吃的"吃主儿"，他们自然也不会盛极一时。

"京鲁菜"时期的美食家迥异于今时——在那个讲究"认真吃饭"、不在饭局里"讲套路"的年代，美食家才更对得起"老饕"这一称号。某种意义上，选择一个吃饭场所，就是选择一种生活品位。正是讲究的饭庄文化才会培养出像样的美食家，也就是北京土话里所说的"吃主儿"。因为他们不仅要品尝美食，还要感受氛围，探究文化。著名美食家唐鲁孙老先生说：世界上凡是讲究饮馔，精于割烹的国家，溯诸以往必定是拥有高度文化背景的大国，我们讲求饮馔，有一个基本原则，就是要在最经济实惠原则之下，变粗粝为珍肴，不但是色、香、味三者俱备，而且有充分均衡的营养。另一位美食家逯耀东先生在其所著《寒夜客来》中也讲到：对于吃，我一直认为是文化的一个重要环节，而且是长久生活习惯积累而成的。事实上，许多问题都存在在吃里。因为从没有吃跳跃到有的吃，中间出现了一个文化的断层。因此，虽然如今有的吃了，但却不会吃，而且也没有过去那种味道，更没有以往的雅致和情趣了。

"京鲁菜"的"生活"环境里就存在了大批这样的美食家。《清稗类钞》里记载，京师宴会之肴馔条下"光绪

已丑、庚寅间，京官宴会，必假座于饭庄。若夫小酌，则视客所嗜，各点一肴，如福兴居、义胜居、广和居之葱烧海参、凤鱼、肘子、吴鱼片、蒸山药泥。"这里的京官，指的不是王公贵族，而是那些六部衙门里的司官、堂官，这是一个相对庞大的群体，也是一个在科举制度下垄断文化的群体。

台湾哲学教授张起钧在《烹调原理》一书中所说："所说山东菜实际指的是北京大馆子的京朝菜，所以不叫北京菜，是因为这些大馆子毫无例外是山东人开的，经过作大官、有学问的人指点，不仅技术口味好，并且格调高超，水准卓越，为全国任何其他地处之菜所不能及……其风格是：大方高贵而不小家子气，堂堂正正而不走偏锋。它是普遍的水准高，而不是以一两样菜或偏颇之味来号召，这可以说是中国菜的典型了。"大官也罢，有学问的人也好，这里所说的"指点"，可不仅仅是"大众点评"，那是一针见血、恰到好处，甚至有耳提面命、面授机宜的也不为过。

爱新觉罗·瀛生《京城旧俗》京味儿篇云："口子上的厨师专做粗菜，北京人想吃细菜讲究到馆子去吃。老北京只接受鲁味儿，专讲究吃山东菜，到了辛亥以后，江南人做官的、当议员的大量来京，淮扬菜随之而至，但老北京始终不认它。蜀味儿来京历史更浅。现在诸味毕至，但老北京仍喜吃山东菜，芙蓉鸡片、烩乌鱼蛋等极受欢迎。"瀛生老先生所指的"老北京"泛指那些"倒驴不倒架"的旗人子弟，他们既是"玩儿家"，也是真正的"美食家"。

知名作家崔岱远在《京味儿食足》中也剖析道："一说起吃，就不能不聊聊下馆子。在京城里经常下馆子的是那些在京为官的、来京办事的、进京谋前程的人，由于历史的原因和地理因素，烹调技法全面、风格庄重大气的山东菜不仅口味中庸，而且和京城的文化氛围非常融合，因此得以在京城的馆子里风光了几百年。"

"舌尖上的中国"美食顾问二毛在他的《民国吃家》里提到：鲁迅记录了六十五家北京餐馆，就包括广和居、致美楼、便宜坊、集贤楼、同和居、东兴楼、泰丰楼、新丰楼等鲁菜饭馆。胡适经常光顾东兴楼，喜欢油爆虾仁和酱爆鸡丁，到了明湖春，则喜欢奶汤蒲菜。张大千每逢家宴来了重要贵宾，定要下厨做葱烧乌参。

前述之所以引用了这么多例子，只想说明一点：鲁菜在"京鲁菜"时期能够名噪一时，在八方美食荟萃的京城一展身手，很重要一个因素是它生逢其时——有了身怀绝技的师傅们，还有慧眼识珠的食客们——二者缺一不可。某种程度上讲，懂吃、会吃的食客比做饭的师傅更重要，他们用脚投票，决定着饭馆的生意，也决定了饭馆的水平。

有了会吃的美食家与会做的名厨，"京鲁菜"的宴席出品在这一时期也更为考究。齐如山老先生细摹、白描道：以寻常请客为例，客至未入座前需先上十二盘压桌菜：四鲜果、四干果、四冷荤，必须用七寸盘，寻常筵席可以没有四鲜四干，但必须用八冷荤。入座后，四炒菜（烩鸡丝、烩虾仁、糟熘鱼片、炒腰花等），不许有汤，必须用七寸盘；四大海（燕、翅以外，八宝鸭子、葱烧海参、黄焖鱼肚等），自尺余的头海至七寸的三海，可以只上一海，但必须用咸；八烩碗（烩虾仁、烩鸽雏、烩鸡丝、烩鱼肚、烩鸭掌、熘鱼片、烧冬笋、烩里脊等）必须用三四寸小碗，成双，随海碗上，并且不能与海碗重样儿。以前可通算酒菜，也有把大海加烩碗称做正菜或大菜的。下来两道点心

（烧麦、包子、芸豆糕、蒸山药等），不能超过两道；四饭菜（粉蒸肉、四喜丸子、氽鱼肚、虾米白菜等），多是汤菜，较粗，也叫押桌菜。讲究、规矩、门道儿都是一清二楚。值得一提的是，菜式多，但菜量普遍不大，只在盘中或碗中一扣，为是可以让客人吃到更多品种的菜。

鲁菜走到"京鲁菜"的阶段，真正可以谈得上是成为了饮食文化的缩影。从大饭庄到二荤铺，各有各的美味，各有各的精彩，上到文人文化，下到市井文化，"京鲁菜"神形兼备，集为大成，蔚为大观。

第四节　鲁菜特点

鲁菜发展到今天，兼容并蓄，海纳百川，经过前人的不懈努力与创造，形成了特色鲜明的风味，其主要的几个方面有：

咸鲜为主，突出本味。原料质地优良，以盐提鲜，以汤壮鲜，调味讲求咸鲜纯正。多数菜肴要用葱、姜、蒜来增香提味。

以"爆"见长，注重火功。突出烹调方法为爆、扒、烩，尤其是爆、扒素为世人所称道。爆，又分为油爆、盐爆、酱爆、芫爆、葱爆、汤爆、水爆等；扒，可分为白扒、红扒、黄扒、葱扒等，充分体现了鲁菜在用火上的精湛功夫。

精于制汤，长于用汤。鲁菜以汤为百鲜之源，讲究"清汤"、"奶汤"的调制，清汤似水、奶汤似乳，清浊分明、取其鲜香。无论是汤菜，还是通过汤调味的菜，其中很多被列为高档宴席的珍馐美味。"唱戏的腔，厨子的汤"，汤，一直是鲁菜师傅们的烹门不二法门。

擅烹海鲜，妙用独到。胶东抵海，鲁菜食材大多取于海上。海鲜类量多质优，异腥味较轻，虾、蟹、贝、蛤，多用姜醋佐食；燕窝、海参、干鲍、鱼皮、鱼骨等高档原料，质优味寡，必以他味使之入，堪称一绝。

风格大气、营养均衡。山东民风朴实，仗义豪爽，在饮食上受儒家礼食思想的影响，讲究规矩和饮食礼节。同时讲求养生，注重食材的搭配与避忌，各种席面与单道菜品的主、辅食材选取都能体现出鲁菜典雅大气、注重营养的一面。

鲁菜在中国饮食文化中有举足轻重的地位——中国的基本饮食哲学都发端于鲁地；鲁菜在四大菜系中一直处于自我创新与演化的主动变革状态，各地方菜系的多种基本烹饪技法大多发源于鲁菜；受宫廷官府的影响，鲁菜中有大量菜品极端考验厨艺。可以说，鲁菜担负着保留中华饮食传统文化精髓并加以传承的重任。

张氏 ②

鲁菜的味

第二章 | 张氏鲁菜的"味"

张氏鲁菜的"味"

　　子思是孔子的嫡孙，他说："人莫不饮食也，鲜能知味也。"《说文解字》里注："味"，滋味也。"口"为尝，"未"为柔枝嫩叶，故"味"之原意乃品尝新鲜的嫩叶，其转意为品尝时鲜的感觉。千古以来，人们早已摆脱了先天果腹本能对于食物的依赖，凭借着教养获得的后天经验，将选择食物的核心指向对味的实用和审美需求。烹饪所指的味，是广义的味觉，广义的味觉错综复杂。人们感受的馔肴的滋味、气味，包括单纯的五味和千变万化的复合味，属化学味觉；馔肴的软硬度、黏性、弹性、凝结性及粉状、粒状、块状、片状、泡沫状等外观形态及馔肴的含水量、油性、脂性等触觉特性，属物理味觉；由人的年龄、健康、情绪、教育、职业，以及进餐环境和饮食习俗而形成影响的对馔肴的感觉，属心理味觉。中国烹饪的烹与调，

正是面对错综复杂的味感现象，运用调味物质材料，以烹饪原料为载体，表现味的个性，进行味的组合，并结合人们心理味觉的需要，巧妙地反映味外之味，来满足人们生理的、心理的需要，展示实用与审美相结合的味觉艺术。

"张氏鲁菜"发韧于上世纪五十年代中期，成型于上世纪八十年代中，立名于上世纪九十年代末。这个时期正是它的创门人、我的父亲、鲁菜泰斗、国宝大师张文海供职北京市政府机关的阶段。《京华名厨传》对父亲七十年的厨艺有一句言简意赅的评价："精通鲁菜，旁通南北菜系，博采众长，自成一格。"应该说，这也是对"张氏鲁菜"之味一句极为中肯的总结。

"张氏鲁菜"脱胎于鲁菜，首先是鲁菜。这表现为：它对食材选择的原则坚持了鲁菜精细、讲究的一贯特点；它的烹饪技法是以鲁菜的基本技法作为基础的；它的调味风格符合鲁菜口味纯正、均衡而不走极端的本源；它的成菜与席面搭配沿袭了鲁菜注重养生、顺谐天时的理念；它的外在表现保持了鲁菜咸鲜脆嫩、大气美观的风格。

"张氏鲁菜"服务的虽然是小众特定群体，但服务的具体对象却来自国内五湖四海，乃至世界各地，对餐食口味的需求更是千差万别，这就从客观上决定了它的成菜要在鲁菜的底子之上幻化、变格、丰富起来，但又绝不能囿于鲁菜的窠臼里，它极善于从兄弟菜系中借鉴其长、触类旁通、引为己用。从这一意义上说，"张氏鲁菜"已经走出了传统"菜系"的概念，形成了以鲁菜为主干，博采众长的门类特点。

"张氏鲁菜"的成长经历与环境迥异于社会餐馆里的烹饪流派。它在近五十年的生长期内居于庙堂，精雕细琢、悄然蜕变，名显于业内却不为老百姓所熟知，这也为它蒙上了一层神秘的面纱，很多人都渴望着一窥堂奥。其实，它的菜系谱绝不是曲高和寡、奢靡华丽，相反，其平和、鲜香、适口、家常的亲民味系常常得到品尝者的交口称赞。"粗菜细作、取法自然，攻于配伍、长于宴筵"是其独到的品质。正是"张氏鲁菜"这一显著特征，使它获得了"自成一格"的美誉。

　　作为中华菜系大家庭中众多门类之一的"张氏鲁菜"，自然也避不开烹、调、配三个中餐美食文化境界的主元素，要想清楚、完整地对"张氏鲁菜"有一个认知，也必得从这三个方面下手，加以剖析、归纳、提炼，进而立体地、全方位地展示出"张氏鲁菜"之味。

第一节　烹之味

　　"张氏鲁菜"在烹制过程中对味的追求主要体现在选材、火候、技法三个方面。

　　在深入地展开分析之前，为了能够形象地说明"张氏鲁菜"烹制的特点，我们以它最有代表性的"油爆双脆"为例，先做一浅显了解。

　　"油爆双脆"是经典的传统鲁菜，早在清乾隆年间，著名文人袁枚在他的《随园食单》里就有过"油爆肚仁"的记载："将肚洗净，取极厚处，去上下皮，单用中心，切骰子块，滚油炮炒，加作料起锅，以极脆为佳。此北人法也。"在百度辞条中的解释是：属鲁菜，是山东地区汉

族传统名菜。正宗的油爆双脆的做法极难，对火候的要求极为苛刻，欠一秒钟则不熟，过一秒钟则不脆，是中餐里制作难度最大的菜肴之一。关于它烹制的难度，民国作家也是美食家梁实秋先生有专门的评价："就是在北平东兴楼或致美斋，爆双脆也是称量手艺的菜，利巴头二把刀是不敢动的。"这道菜的核心烹饪技法只有一个——爆。《中国烹饪辞典》里解释：爆在山东菜里叫"崩"。齐如山在《中国馔馐谭》里说：爆，乃爆炒之省文，故亦恒说暴炒，暴乃特快之义。凡名曰爆的菜都是极讲火候的菜，几乎是多几秒钟都不可。最难做的是油爆肚。此为最难斟酌之菜，水焯是关于生熟，时间稍短则生，稍久则老而硬；油炸是为质香，时间稍短则没有焦香味，稍久则发黄不够漂亮。勾汁是为的口味，各种佐料多少都有关系，而且时间稍久，则肚亦可变老。

　　"爆双脆"的一个主材就是猪肚头，取猪肚剖开，只截取肚头的部位，里、外两层皮用刀片下，再拿剪刀铰去油脂，只要中间的肚仁儿，去边儿，剩下的部分像个扇子面儿一样，一点儿筋都没有，一点儿网油都不能见，净剩下小嫩肉；鸭胗也一样要去掉筋、皮，只要中间部位。虽只两样主材，可见选材之费功。

　　油爆之前，先焯水，焯水先投鸭胗，次投肚仁儿；前后入水与出水间隔不超过两秒，滤水、紧食材；入油爆，烹入蒜片儿、葱丝、青蒜、芡汁儿，颠、搅、再颠、再搅，排勺扣。全过程不超过几十秒钟。关于这道名菜的火候，有一个近乎夸张的说法：水焯以熟七成，油爆以熟九成，还有一成在路上，菜至桌上即全熟。短短几十秒，可见火候之苛刻。

芡汁勾兑要与食材的量高度匹配，出菜成盘时，白褐相间，芡汁紧抱双脆，汁不可泄于盘中，此所谓"有汁不见汁"。客人吃完要做到"菜净盘光"。短短九个字，可见技法娴熟之难度。

这道菜讲究小份单炒，以六寸盘为宜，成菜一例，用猪肚四个。之所以举"油爆双脆"的例子，是它较突出的代表了"张氏鲁菜"在菜品烹制过程中对食材选取、火候、技法的严苛要求，换一个角度来讲，在烹制的环节上一丝不苟正是"张氏鲁菜"成菜的代表特点。

中国资深餐饮管理专家王文桥老先生是"张氏鲁菜"从无到有、发展壮大的见证人，他老人家在谈到"张氏鲁菜"的口味特点时，说味不见味，用了两个字"讲究"——刀功、火功、勺功都讲究，口味自然讲究。

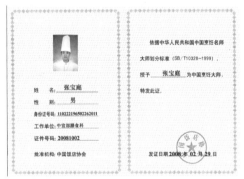

"张氏鲁菜"对食材一贯秉持的原则是：不将就、不凑合、不糊弄。我们也有用高端食材加工的菜，比如"红扒鱼翅"等，这些都是过去接待重要贵宾时需用的，随着社会的进步，贵重食材越来越少用。我们更见长的是功夫菜、火候菜，讲究利用精湛的技艺于平凡中现神奇，这些菜的食材并不特别罕见，比如"鸡茸鲜蚕豆"。不过，虽是常见食材，我们却强调选材的讲究。"张氏鲁菜"在选材上讲究主料"三不选"——品种不对不选、产地不对不选、节令不对不选；辅料"三不用"——配不上不用、衬不住不用、托不起不用。这些讲究只有一个目的，就是保证成菜的口味。举一个小例子："张氏鲁菜"有一道"海米扒白菜"，这道菜里的白菜必须用北京出产的一种"黄芽白"，又叫黄心菜，这种白菜从根到叶都是金黄色的，最主要是帮内无筋，味道清甜，烹制时用鸡油煸炒大海米，加入鸡汤，最后走芡、翻勺、扣盘，成菜后，白菜金黄、扒汁金黄，看上去富贵、雍容，口感鲜、软。所以说，每道菜的食材选择都是经过反复实践固定下来的，它的本性、混合后可能出现的各种变性，都会影响到菜的整体味型。

加工同样要讲究，这里我们讲的是狭义的加工，也就是指食材烹制之前进行的物理变化，大小、薄厚、形状、软硬、泡发与紧水等等，这些工艺会对菜品的烹制过程产生关键性的影响，甚至会反映到成品上。"张氏鲁菜"对刀功的追求体现在以烹制为目的、为结果——好做、好看、好吃、好嚼。与之相对应，我们在食材加工上强调形状一致、成形标准、名物般配。比如"象眼鸽蛋"的面包底托，其边长必须是 3.5 厘米，这个尺寸在炸制过程中可以很好地保证透油性，而在出盘摆型的时候可以保证美观。

事实上，"张氏鲁菜"基于政务接待服务的特点，在中式烹饪流派中是较早也是较全面强调量化加工的，也就是我们通常所说的"火候"。这个"火候"是广义的，它既包括我们通常灶上烹制的火度、时间，也包括我们烹制前加工的尺度、温度、配比。"火候"到了，不光食材的烹制味型优美，还能最大限度发挥食材的作用，不浪费，达到节约、节能的效果。比如 70 度的水烫羊肚、脱黑膜；比如鸭坯上色的糖稀比例 1:7；比如吊糟的时候花雕与酒糟配比 3:1；比如打鱼腻子加冰，保持 25 度以控制手的温度等等。像这样的"火候"，家门儿里的人都清楚，这些规则、窍门儿用在实践中，不管是我们接待开宴会的用料单子，还是社会馆子日常采购控制成本都用的上。

说到火功讲究，灶上烹制，武火、中火、文火，配以时间长、短、适中，就是九种变化，碰上需要加工的不同食材的性质、密度等因素，再组合以不同的烹饪技法，里边的变化莫测更是让人目眩神迷，更何况这中间的区别往往在毫厘之间，也就是我们常说的"烹饪之道，如火中取宝。不及则生，稍过则老，争之于俄顷，失之于须臾"。过去老北京有一句俏皮话叫"怯厨子怕旺火"，笑话的就是人在干活儿的时候掌握不好火候。"张氏鲁菜"，一菜一火，每道菜的烹制，对火的运用方法都各有差异，比如对各类扒菜，一定要旺火加热烧开，小火煨透原料，最后改旺火勾芡，这样做出来的菜才能够"吃芡"；爆菜则需要瞬时武火，才能保证芡汁紧，成菜脆、嫩、鲜、香；"焖鸭胗"文火两次，一长一短，武火两次，一长一短，；"鸳鸯菜花"干脆要汤开后关火烫制，以保证菜花的脆、嫩。

再来说到技法的讲究。四大菜系中鲁菜仅原创技法就达到六十多种，"张氏鲁菜"承袭鲁菜的技法，尤擅爆、扒。爆、扒绕不过一个基本功，就是勺功。扒菜烹制过程有"勺内扒"与"勺外扒"的区别，其中"勺内扒"尤其考验勺功。勺功离不开颠勺（小翻勺）、晃勺与翻勺（大翻勺）、出勺。

颠勺是为了保证食材原料在加热的过程中能够均匀地

受热、上色、入味和保持菜肴的完整性。鲁菜烹制与加工使用的是单柄炒勺，握勺时，拇指微曲与地面保持平行，其他四指自然抓住勺柄，握勺时手腕不可翻转，翻炒过程中两脚分开站立，两脚尖与肩同宽，为半米左右的间距。

晃勺也称晃锅、转菜，是将食材在勺内旋转的一种勺工技法，也可以把它看成是翻勺的前道工序。晃勺可以防止粘锅，可以使原料在炒勺内受热均匀，成熟一致。晃勺时，左手端起炒勺，通过手腕的转动，带动炒勺做顺时针或逆时针转动，使原料在炒勺内旋转。

翻勺按方法的不同，可分为前翻、后翻、左翻、右翻。前翻，是将原料由炒勺的前端向勺柄方向翻动，其方法分拉翻勺和悬翻勺两种。在翻勺时记住"推、拉、扬、挫"四字口诀。其中第一步是"推"，就是将勺往前稍下方送出。"推"的目的是为了将原料送到勺中的前半部分；"拉"是为了在第一步基础上将原料往回拉动，同时在"拉"的过程中，手腕要有一个"扬"的动作，这样使得原料就翻动起来了；最后"挫"是为了稳稳地接住原料给其一个缓冲，防止汤汁四溅伤人。

出勺也叫出菜、装盘，就是运用一定的方法，将烹制好的菜肴从炒勺中取出来，再装入盛器的过程。它是整个菜肴制作的最后一个步骤，也是烹调操作的基本功之一。出勺技术的好坏，不仅关系到菜肴的形态是否美观，而且对菜肴的清洁卫生也有很大的关系。有拨入法、倒入法、舀入法、排入法、拖入法、扣入法等。

勺功搭配烹饪技法，经过十数年以上的勤学苦练，能够呈现给食客非同一般的美食体验。"张氏鲁菜"体现难度的爆、扒技法，除了"油爆双脆"与"葱扒大乌参"之外，一道"全爆",一道"扒四宝"(饭菜)或是"鸡油四宝"(酒菜)都是登峰造极的功夫菜。

全爆,六种主材——鸭胗、猪肚头(油爆双脆的主料)以外,另计里脊丁、鸡丁、腰花、虾仁儿。六样食材,脾气禀性各不相同,而加工处理的结果同样是要体现脆、嫩、鲜、香之美味,难度可想而知。做这道菜,要走两道油,经一道火。鸭胗、猪肚头过油,以得其脆;鸡丁、虾仁儿要走芡滑油,以得其嫩。最后,一道武火,烹六鲜以得一味。用扣入法装盘成菜。

扒四宝,四种主材——肉头、菜心、海参、鱼肚(如果是"鸡油四宝"则为龙须菜、鸽蛋、鲍鱼、菜心)。码齐放好,入清汤、料酒加芡汁(鸡油),大翻勺拖入盘中,明汁亮芡,菜形不乱。

爆、扒以外,煨、烩、糟熘、浮油、酥香、醋椒也是本门擅长技法。

第二节　调之味

《黄帝内经》说:"天食人以五气,地食人以五味","谨和五味,骨正筋柔,气血以流,腠理以密。如是则骨气以精,谨道如法,长有天命。"味是饮食五味的泛称,和是饮食之美的最佳境界。这种和,由调制而得,既能满足人的生理需要,又能满足人的心理需要,使身心需要能在五味调和中得到统一。美食的调和,是对饮食性质、关

系深刻认识的结果。味是调和的基础。阴阳平衡是人体健康的必要条件。饮食五味的调和，以合乎时序为美食的一项原则。中国烹饪科学依据调顺四时的原则，调和与配菜都讲究时令得当，应时而制作肴馔。追求肴馔适口，以适口者为珍。

台湾著名的哲学家张起钧先生在他的《烹调原理》一书中这样定义"调"：用种种方法和设计，把菜物调制的精美好吃，而给人带来愉快舒畅的感受谓之调。一道菜的调制效果，也就是我们常说的色、香、味、形、触五个标准。

"张氏鲁菜"在调的烹制上非常用心，这里面主要有两个重要因素：第一个，张氏鲁菜还是鲁菜的底子，而鲁菜是各大菜系中最讲究综合审美统一均衡的，所以自然影响到我们出菜不能仅仅一"味"当先，这就需要将酸、甜、苦、辣、咸、鲜各种滋味进行平衡、调和；第二个，我们张氏鲁菜是以宴会接待为主，既要考虑口感、营养，也要讲求美观、大方，更要考虑就餐者因地域、风俗、好恶形成的千差万别的饮食习惯，所以必须关注每道菜成菜的综合调排的合理性。

说到"张氏鲁菜"在调制菜品上的用心程度，有个小例子可见一斑：家门儿里有一道菜叫"象眼鸽蛋"，这道菜有一个简单的辅材——面包托，是很常见的食材，但是家门儿里学过这道菜的都知道，用的一定要是无糖的全麦面包，因为如果是甜面包，在油炸的环节过程中，面包里的糖分会析出，出现糖的焦化，影响成品色泽。

"张氏鲁菜"调和色泽的突出特点：饱满明亮，配衬活泼，引人食欲。本门许多菜的加工工艺多用爆、扒，爆、扒都离不开汁，兑汁多用汤，油爆、滑炒兑入清汤，白扒

兑入奶汤，黄扒时还要滑入鸡油。因此，成菜入盘后大多保持明汁亮芡，使菜品色彩呈现饱满明亮，比如"葱扒大乌参"、"红扒猴头"等。为了增强食欲，我们也会在一些主材呈现较为单一的菜品中有意识地点入色彩悦目的辅材，这样的色彩点缀，既不失成菜的端庄、大气，又能带来活泼、亮丽的感觉，比如"鸡茸鲜蚕豆"，点入几粒枸杞，白绿相间之中几点俏红，"爆两样"烹入少许青红椒片，立即让人感觉清爽利口。实践运用当中，本门的原则是：芡汁不盖本色，配色不能突兀、艳俗，缀色不能超过 5%。

　　"张氏鲁菜"调和香气的突出特点：缓急相彰，浓淡相佐，不出偏锋。本门成菜受服务对象特殊性的影响，在调香的方面与社会餐馆有很大区别。几个师兄弟在聊到家门儿菜的时候，形象地总结了一句：出菜，少的时候就一勺，多的时候几百份。这巨大的差异就要求菜的出香必须有区别，单勺烹，香气要激，要发，上桌即见香，走量大，香气要敛，要缓，隔桌有余香；成菜品种多，要加强缀香、

拢香，成菜品种少，要注意遮盖、慢攻，延长余香时间。菜品出香要做到浓而不烈、淡而不散。本门菜品成香绝少单攻一味，剑走偏锋，强调更多人可以适应、接受。日常实践中，出香的原则是：尽量烹出食材本香，加香不用特殊配料，异味食材少用或予以适度中和。

"张氏鲁菜"调形的突出特点：方便适用，聚物自然，规制大方。除个别需要观形菜品以外（整鱼、整参），本门烹制的多数菜品不需要在餐桌上再进行二次分割，在食材加工阶段即已考虑就食方便而进行了规制改动。中式宴席过去讲究"鸭不献掌、鸡不献头、鱼不献脊"，除去礼仪典故的因素，多是为了让食客方便享用菜品。"张氏鲁菜"的一条规矩则是"鱼不见刺，肉不见骨"，但还要保证成菜的形状符合要求。以改良菜"红扒猴头"为例，此菜传统做法是以整只猴头菇入菜，偏于造型，但入味不足、食用不便，我们将之改刀为片，经两煨一炸一蒸，采用"勺外扒"，出勺成菜时，以西兰花围边儿，猴头菇碗扣于盘中，再淋上芡汁，不但便于食用，还释放出菌菇本身的鲜味。自创的"鸳鸯菜花"按"太极"形码入碗内，扣在盘中，再淋以金丝芡，自然聚于盘中，造型简洁、大方。

"张氏鲁菜"的触口突出特点：老少咸宜，爽、滑、脆、嫩之外，软、烂、糯、润兼备。同样是基于服务对象的特殊性，"张氏鲁菜"的触口综合考虑了就餐者的年龄及饮食习惯，在传统鲁菜的基础上，强调了成菜口感的多样化。以本门代表菜"葱扒大乌参"为例，在发制前增加了烘烤一道工序，使其在接下来的发制期间吸水均匀，保证触口的质感统一；燎烧之后要增加一道去黑皮工序，既去净水汽，也可以去净角质，保证触口的软糯；发好的乌参在制作前要放入冰水保存，保证触口的弹性。实践过程中，还要结合成菜的"形"，必须利用火功，做到烂而不散，软而有形。比如"红煨爪尖"的烹制，用开水紧透后，要掌握"大火着色，中火入味，小火收汁"的道理，巧用火功，慢慢煨炖，方得收效。

色、香、形、触以外，一个关键的因素就是"味"。这里的"味"指的是狭义的成菜的味的特点。"张氏鲁菜"根植于服务接待，因此不像社会餐馆，在味上不断求异、求变、求时尚。相反，它竭力做到稳正、宽适、耐品。具体到味料、佐料使用上，讲究含蓄，以适口、舒畅为原则。"张氏鲁菜"的味型特点：温雅醇正，层次分明，本味为先，回味绵厚。本门菜系谱里没有怪菜、奇菜，即使是创新菜，也不脱鲁菜传统味型原则。以本门创新菜"八珍元鱼位吃汤菜"为例，创制参照了粤菜的"佛跳墙"，选取元鱼、鲍鱼、鱼肚、海参、干贝、冬菇、裙边、鸽蛋八种原料加枸杞子，初步加热处理后，加清汤调味，上笼蒸制成菜，创制舍弃了排骨、火腿、蹄尖、鸡脯、鸭脯等材料，使之另合制成清汤，再以清汤代替绍酒而入，这一舍一入，裁抑冽香与浓香，而代之以鲁菜本有的汤清味鲜、温润醇和，内敛以谦，而不霸气侧露。门里的"金汤鱼肚"、"奶汤蒲菜"、"菊花鳕鱼"都是深具"温雅醇正"味型特点的代表。

　　"层次分明"的目的是让食客在品尝菜肴的过程中在舌尖、舌中、舌根不同的部位形成不同的味觉体验，从而丰富进食的愉悦感。最好例证就是"醋椒比目鱼"，此菜用比目鱼与醋椒合烹，成菜酸、辣、咸、香，鱼肉鲜嫩，醋椒带出乳白汤汁的鲜美口感。第一口入口鲜、咸，第二口入到喉部，透出酸香、醋香，第三口咽下，胡椒的微辣味儿方挥发出来。这样一来，成菜的各种滋味分层呈现，虽前后数秒，但感觉一口一味。

　　"本味为先"即针对一些本味鲜、香或特点比较突出的食材，以不盖、不压、不夺其味为原则，使其自然呈现，不更多雕饰其味，以免蛇足。仍以本门创制"鸡茸鲜蚕豆"为例，这道菜是本门在"鸡茸"系列菜上的一个延展。"鸡茸"是鲁菜中独具特色的高档肴馔调和、配伍的佳品，以其制作精细、色雅汁浓、口味醇正而著称，将其与鲜绿的蚕豆瓣一起氽成半汤菜，保持和突出蚕豆天然的豆香本味，再以鸡料为之提鲜，本味在先，提味料在底，衬主而不为喧宾，使食客在品尝过程中尽享本味的美妙。

　　"回味绵厚"则是为了让成菜的突出味系在食客的口腔里停留的更长久，以延长客人对菜入口后味美的体验，也就是我们通常所说的"唇齿留香"。能够充分体现"张氏鲁菜"这一特点的代表成菜"红扒猴头"、"黑椒草菇焖鸭胗"等，多以红烧、酱汁等色浓、味厚的菜肴为主，要用多种调香料增加其复合味感，产生浸润与融合的效果。

　　以上之外，本门在调的方面还有两个值得单独拿出来说一说的特点：一是泥子，二是制汤。如果说爆与扒是"张氏鲁菜"在烹上的立门技艺，那么泥子与制汤则是"张氏鲁菜"在调上的看家绝活儿。

　　泥子又可以叫作"茸泥"，过去是鲁菜在烹制高档菜肴中一个常用的加工技法。茸泥按照用料的区隔，可以分为鸡泥子、鱼泥子、虾泥子等，无论是哪种原材料，这样处理的目的一是绵、滑、鲜、嫩，二是营养成分易于吸收。也正是因为如此，它成为长于公务接待的"张氏鲁菜"系谱中广泛应用的范例。具有代表性成菜的有"芙蓉鸡片"、"鸡茸三丝鱼翅"、"鸡茸鲜蚕豆"、"浮油鸡片"、"金盏芙蓉虾"等等。

　　"张氏鲁菜"泥子活没有什么绝技与秘方，但是有两样东西是几十年坚持下来的，一是选料严、二是纯手工。加工泥子本身就对选料有严格的要求，要选取原料质地细嫩，无皮无骨无筋，没有血污，吸水能力强的部位。在选料这个环节上，本门除此以外，另外加了一前一后两个步骤：一前，即要选料先选种，无论是鸡、鱼、虾，准备用于成泥的材料先要选好适宜成泥的品种，比如打鱼泥子适宜用鳜鱼、墨鱼等，打鸡泥子适宜用清远麻鸡等；一后，即短放后用料，成泥原料宰杀后需要在0~5℃的环境下冰放2个小时左右再取用，为的是将动物神经泄一下，让它的肌肉组织群松弛下来。泥子加工全程，本门都讲究纯手工完成，传统泥子制作工艺有斩、劈、捶、砸等，后来为了适应宴会走量大的现实，陆续开始采用打浆机，但只要是单份成菜的加工，本门始终坚持按照传统手法手工打，手工砸泥子可以在制作过程中剔除筋络、刺骨，而机械有可能打不到那么细；泥子调味制作需要低温，接触面保持在23~25℃低温的时候有利于保持泥子脂性稳定，利于肌肉性蛋白质溶出，打出的泥子能上劲儿。所以手工打制的时候，为了手部36.5℃的体温不影响效果，往泥子里加冰水以控温，而机械打浆往往会造成温度提升，使原料吸水能力下降，成品失去弹性，外表不光滑，口感不鲜嫩。

制汤，是鲁菜相较于其他菜系独擅胜场的手艺，也是区别于其他菜系的明显标志之一，不仅是成菜部分的汤菜，还在于化味入汤，以汤调味，味出于鲜。"张氏鲁菜"在其成菜谱系里尤其工于用汤。

汤系加工就是把新鲜的，含蛋白质、脂肪等可溶性营养物质较多的，无异味的原料，放在水中用锅加热，使各种营养物质充分溶解于水，以供烹调之用。鲁菜汤系品类主要有三个，胶东地区利用海味而成的鲜汤，济南地区鸡、鸭、猪肘、猪骨、火腿等提炼而成的清汤、奶汤。"张氏鲁菜"中的"油爆海螺"、"扒原壳鲍鱼"是鲜汤的代表菜，"全爆双脆"、"油爆双脆"是应用清汤的代表菜，"奶汤蒲菜"、"白扒鲍鱼"等则是奶汤应用的代表菜。

至于这吊汤的方法，可以引用美食家王世襄老先生的公子王敦煌先生的一段描述：制作被称之为"清汤"的"清"字的代价可就扯了。要达到这个"清"字，得用鸡脯肉剁成茸调制而成的"白俏"，用鸡腿脚肉剁成茸调制而成的"红俏"，分两次下到锅里。锅台里的原汤此时已晾温，坐在火上先把"红俏"下入锅台中，用手勺搅动。等含有"红俏"的汤要开不开的时候，汤中的鸡腿泥，从锅台底漂在汤面上，用漏勺捞出去，弃之；再把这锅汤晾温，把"白俏"下入锅中，方法同上，最后也用漏勺捞出弃之，这时的汤才能称之为"清汤"。这鸡腿肉和鸡脯肉只用于这个"清"字。而原汤则是用肥鸭一只、整鸡一只另加两只去了鸡脯的鸡、三斤猪肘子、三斤猪骨煮制而成的。这是什么样的用料，什么样的吊制方法，它能不鲜吗？清汤可普遍用于各种菜肴之中，而奶汤只能用于汤菜之中。二汤齐备也正是烹制各种菜肴根本无须加味精，成菜又是味极鲜美的原因。从我们的行业来讲，王敦煌先生算是"门外人"，但从美食家的角度，他又算是个"门内人"，他对吊汤的认识，也可称得上是极为精准了。

"张氏鲁菜"之所以十分重视用汤，其用有三：调味增鲜，此其一；提高营养，此其二；促进食欲，此其三。

鲜是一种复杂而醇美的感觉，人对"鲜"味的体会和这种味觉的感知与析出都不太好用言语表现，鲜味成分也不是一种东西都可以概括的，氨基酸、含氮化合物、有机酸等等都是构成鲜的主要成分。在漫长的、没有味精出现的时间里，汤是提鲜的不二法门。许多高营养价值的食材原本无味，都需要靠调来提升鲜，以获得人们在食用过程中的愉快感受，这一途径必须从汤里走出来。味精的主要化学成分为谷氨酸钠，因此其鲜的味型单一、偏薄，远不如汤口，而且味精的水溶液经120摄氏度以上的长时间加热，不仅鲜味消失，而且产生的物质对人体有害，只是因为其使用方便才流行、普及开来。"张氏鲁菜"始终强调使用天然调味材料，菜品在调制过程中尽量少用甚至弃用味精，也是获得好评的原因之一。

人对动物蛋白的依赖非常严重，鲜味是蛋白质的信号，人一旦缺乏蛋白质了，就迫切想吃鲜味的东西。汤的烹制是将鸡、鸭、肘、骨、干贝、海米、火腿等富含动物蛋白的原料混合加工，在火力的催动下将其营养物质逼入汤内，这样加工而成的汤相较于食材本身更易于人体吸收、摄入，因此对提高营养价值有着不可替代的作用。"张氏鲁菜"吊汤一定会坚持材料的齐备与工艺的标准，套句同仁堂的

古训就是"炮制虽繁必不敢省人工，品味虽贵必不敢减物力"。

　　讲到促进食欲，自不待言。"张氏鲁菜"的汤还有一个"父子两代，新旧东方"的美谈典故，据资深餐饮管理专家王文桥老先生回忆：上世纪二三十年代，京城"萧孔汪施"四大名医之一的孔伯华老先生当年创立"北京国医学院"，学院就设在宣武区五道庙，距离东方饭店很近，老人就时常约上朋友到东方饭店吃饭。时光荏苒，到了上世纪八十年代，东方饭店成为北京市政府的招待所，孔老先生的四子孔祥琦先生在同仁堂工作，也经常约上朋友到东方饭店吃饭，而他告诉朋友，到东方饭店一个很有意思的原因是要"喝张文海做的汤"。可见本门的汤口在那个时候就已经很受到美食家们的欢迎。

第三节　配之味

　　配，有两层境界，第一层是一道菜以内的食材搭配，主、辅料的配，荤、素的配，调味品的配都是这一范畴；第二层是菜与菜之间，菜与主食之间的搭配，"张氏鲁菜"攻于配伍，长于宴筵，说的就是这两重意思。前面谈的烹与调实际都是单道菜的配，这里我们要探讨的是本门宴席的配的特点。

　　筵席艺术，是中国烹饪艺术的又一表现形式。一份精心设计编制的筵席菜单，对菜点色、形、香、味、滋的组合，烹调技法的运用，菜肴、羹汤、点心的排列，馔肴总体风味特色的表现，都有周密的安排。它是时代、地区、社会的烹调技术水平和烹饪艺术水平的综合反映。

中式筵席艺术遵循现实美与艺术美的美学一般原理进行艺术创作。历史上传承至今的筵席艺术创作活动，有两点是贯穿始终的：首先是，筵席的格局以菜肴为中心，体现多样化与整体化的完美统一。筵席菜肴的多样化，通过炸、熘、爆、炒、烧等多种技法，荤素原料多种选配，丁、丝、块、条、片等多种形态，黄、红、白、绿等多种色彩，酥、脆、嫩、软等多种质地，咸、甜、鲜、香等多种味感表现其艺术性；从整桌宴席的铺排来看，又能看出制作者审美、思想、理念的统一性。其次是，菜点组合排列，体现节奏感与主旋律的和谐统一。上菜的时间与顺序，冷、热，荤、素，汤、饭之间的衔接，筵席菜点的这种味的起伏变化，有若乐章中的节奏强弱、速度快慢、音调高低；透过整个宴会的流程或豪华、或朴素、或清淡、或浓厚，又可以看出设计者主旋律的把握。

"张氏鲁菜"筵宴特点，一言以蔽之：循真味，守正道。

政务接待，同一张席面上可能有北方人、南方人，有四川人、广东人，有中国人、外国人，口味杂、嗜味

香港影视明星成龙筵席菜单

异，也就是通常所说"众口难调"。"张氏鲁菜"不调众口，只遵循食材本味特点予以激发、配伍，不用大味、尖味，使每个从筵者都可以找到从本味中体会出来的就餐愉悦。招待宴会体现的是主人的热情与周到，但是这种热情与周到反映到宴席上要使宾客感受到用心、细心。因此，本门宴席安排力守正道，忌奢华，戒铺张，反跟风。例如，本门曾专门为北方参会代表设计的"炖吊子"，除猪下水洗净无异味并加以改刀外，特用鸡架子炖成汤料，以此汤料炖食材，再准备各种小调味料十种跟成菜配走，现在已经成为保留菜。

　　说到政务招待宴会，很多人可能会感到比较神秘，认为一定是高端食材云集，实则不然。我们可以看一份有国家领导出席的宴会菜单：冷荤八道，五香鲜鱼、鸭卷、拌海蜇、盐水虾、芥茉鸭掌、炝青椒、海米瓜条、虎皮鹌鹑蛋；热菜七道，鲍鱼三鲜、油浸草鱼、红烧牛冲、芙蓉鲜贝、鸡油生菜、汽锅元鱼汤、家乡面条；点心两道，蟹肉包、脆皮炸糕。这里面，八道冷碟全部为普通食材，一道辛味、一道浅辣、三道调鲜、三道混合味，一次走齐。热菜当中，除了家乡面条按位走，其余均以例盘出品，两道以汤调味、突出本鲜的菜走过后，走一道口味厚一点的，然后再走一道软滑、鲜嫩的把口味平下来，以素菜、汤菜收尾。这样的菜单宴会安排既平常也正常，所费不多，但需要用心调烹，其中鲍鱼三鲜、油浸草鱼、芙蓉鲜贝、鸡油生菜都是见功夫的菜，汤口、调汁、泥子活缺一不可，红烧牛冲则是一道火候菜，看的是灶上的功夫。

　　筵宴的席面是一门艺术，艺术就要有境界，有创造艺术的审美原则，"张氏鲁菜"在这上面有它独到的心得，在具体的安排上也有两个主要规律，一是易于接受，二是求变有据。

易于接受是指从筵者的体质要能够接受、易于接受、享于接受。"张氏鲁菜"的宴席菜没有硬、干、寒、燥的成菜，它的每道菜都讲求汁汤适中、浓淡相宜，软嫩酥脆、鲜香可口，温润滑糯、刚柔相济。这样的做法，尽可能宽泛地照顾了每位从筵者的体质与体能，并且便于营养的吸收。

求变有据则是要考虑一些长期接受服务的对象食欲的调动，要维持味觉的饱满、进食的欲望以及体验的快乐。"张氏鲁菜"的创新菜全部有理有据，遵从食理、味理，不犯忌、不求异，这种创新体现在点缀、配合、提调、融浑等方向上，既能让品尝者感受到变化以及变化带来的欣喜，又要做到"随风潜入夜"、"润物细无声"的境界，不使人感到突兀、生硬。

台湾著名哲学家张起钧老先生在《烹调原理》一书中着重强调了一个烹饪者要"知材"、"会配"、"能化"，而这也是本门突出强调的三个本领。

"张氏鲁菜"门人弟子入门后的"首修课"就是"知材"，"知材"要

做到会"识材"、"用材"。"识材"第一层要了解本性，就是要熟练掌握主材、辅材以及各类调味料的性能、特征、功效；第二层要了解复合性，就是要知道各种食材之间通过借、让、衬、提、抑、托的搭配、组合以后会出现什么样的效果、味征。"用材"也有两层含义：第一层要物尽其材，就是在认识食材的基础上，在每种食材的使用上充分发挥其作用，或嫩、或鲜、或脆、或香，将其效力发挥到极致；第二层要材尽其用，就是要在选材之初就考虑其用量的多少、用途的多寡，不同部位的不同用法，可以反复使用的频度等等，这也是我们老祖宗"惜物养德"的具体体现，也是"张氏鲁菜"用料之本。

"会配"则要求门人通过学习与练习，可以进入到"自悟"的阶段，掌握食材搭配的内在规律与原则，一方面能在日常烹制过程中实现局部的创意与创新，通过这些局部的调整与调理，使菜品在原有基础上更为品尝者欢迎；另一方面，能够兼顾营养与口味的丰富，使人们在品尝美味的过程中通过食调强身健体，滋养进益。

"能化"无论是对门人，还是对每一个入行的厨师来说都是毕生追求的境界，"张氏鲁菜"强调的"能化"同样分为两个层次，基础的层次是可以将师门的东西化为己有，具备从事厨师行业的基本素养；更高的一个层次，是将兄弟菜系，甚至是西式烹饪的东西化为己有，在工作当中做到自由发挥、游刃有余，也就是孔子所说：从心所欲，不逾矩。

中国烹饪中的科学内涵十分丰富，观其核心内容，在于符合营养要求，达到养生效果的烹调与饮食是"张氏鲁菜"追求的终极目的。"张氏鲁菜"之味，有它坚守的规矩、原则，也有它的包容、创新。不变的是食材的选择标准、烹调的工艺要求、为每位食客服务的良心，变化的是新生食材的理解、新的加工工艺的借鉴以及社会适应性。

张氏 ③

鲁菜的道

第三章 │ 张氏鲁菜的"道"

张氏鲁菜的"道"

厨之为业,远迈商周;法祖彭铿,雉羹金瓯;千载以降,沛蔚得收;刀火俱臻,德艺同修。厨师之道,即是寻味之道、得味之道。据著名诗人、美食家二毛考证:20世纪初,大学者章太炎第一次把"味道"用在表述食物的滋味上,从此,味得以道载,成味之技为得道之艺,而制味之人遂成觅道之士。

菜是人做,味是人成,老年间,这专司做菜成味之人用文词儿叫庖丁、膳夫,大白话儿就是厨子、伙夫,现而今则统一称为厨师。厨师这个行当很有些意思,第一,它是个历史悠久的行业,却又不在故老相传的三百六十行里。宋代周辉的《清波杂录》记载了唐代伊始的三十六行,这大概是中国最早的行业划分,推测来看,厨师大概要归到汤店行。徐珂在《清稗类钞》中说:"三十六行

者，种种职业也。就其分工而约计之，曰三十六行，倍则为七十二行，十之则为三百六十行。"这三百六十行里，依然没有厨师。第二，它入门的门槛不高，成一番事业却很难。厨师是师徒带的行业，过去，十三岁拜师学艺，一个头磕地上，就算入行儿了，三年零一节出了徒，就是厨师了，可有人愣是一辈子上不得灶、拿不起勺，即便上了灶，一辈子炒不出名堂的也是大多数。第三，有能耐的人不愿意干，没能耐的人真还干不了。原北京市政府副秘书长、专门负责接待服务工作的杨登彦老先生曾经有过一句话：做个好厨师，很多人一生做不到，几年、十几年可以学下一个博士，但厨师不一定谁都能学的出来。做饭是小技，有大能耐的人可能不屑为、不堪为，但是要做到能调众口，掌握味的规律，却非得有悟道的灵性与智慧。基本功大家学的都一样，其中的幻化与融通却要看个人的修为，没有能耐的人又确实做不到。

著名的川菜大师罗国荣有一套自己的关于好厨师的标准：一定要有拿手菜、绝活，这是最基本的；会开菜单，开不好菜单的厨师不是好厨师；要有组织能力，上百桌的宴会往那儿一站能镇得住，要调得动、要得开；最后必须培养接班人，把中华民族的食文化传承下去。"张氏鲁菜"创门的时候，北京市厨师从业人员不下三十万，现而今不下百万，能够当得起"国宝级大师"的也只有十六位，他们的技艺自不待言，他们做人、处事的方式，他们立身、立业的标准才更是震烁当今、值得尊重与传承的核心价值。

是为"味"之"道"，大道！

"张氏鲁菜"有创门师训"坦诚做人，良心处事，尊师重道，膳海求真，有容乃大，弘扬国粹。"这句二十四个字的话，不深奥、不晦涩，没有大道理，却是父亲七十五年厨师职业生涯的真实写照。这句话，看似简单，实则包含着师门为人、为艺、为业的信条与准则。这句话，既是一个厨师基本的"道"之底限，也是我们一生不一定得以实现的"道"之高限。

这句话，代表着"张氏鲁菜"一门的"道"。

第一节　为人之道

坦诚做人，良心处事。乃"张氏鲁菜"一门为人的道与规矩。

亘古以来，在中国的社会分工序列中，厨师的地位都不是很高，这是由中国的农耕社会结构所决定的。农耕讲的是自给自足，统治阶级把人与土地做紧密的捆绑，长期严厉打压商业经济。商业欠发达，人口流动程度低，社会商业餐饮的需求随之降低，与其相关的从业人员社会地位自然也比较低，彼时的专业厨师主要服务于权贵阶层，社会餐饮多是以家庭为单位的小作坊规模。

彭铿、伊尹、易牙、太和公、膳祖、尼姑梵正、刘嫂子、宋五嫂、董桃媚、王小余历来被传为中国历史上十大名厨，他们所生活的年代无一不是商业相对发达的时期。即便如此，易牙是齐桓公的御厨，膳祖是唐代丞相段文昌的家厨，刘嫂子是宋高宗的御厨，董桃媚是福建曹能始家厨，王小余是袁枚家厨，也还是厨以主贵，厨师自身的社会地位仍然很低。

　　清末入民国，一代"儒厨"黄敬临先生，名门世家，供职光禄寺，喜诗文，工书法，擅对联。因受慈禧太后赏识，赏以四品顶戴，故又有"御厨"之称，临终之际，蒋介石送挽幛"无冕之王"，社会地位不可小觑。然而，他生前留下一幅自题联：可怜我六十年读书，还是当厨子；能做得廿二省味道，也要些工夫。口气中也看得出他对入厨师这个行业的无奈，以及世人对厨师行业的轻忽态度。我也至今还记得父亲给我亲口讲述的一个细节：那时父亲已经到了上海丰泽楼，逢年节回北京探家要坐火车，车上邻座攀谈，逢人问：哪行高就？或是：何处发财？回说不能明告以"厨子"，要讲：勤行儿。对方自然就明白了。从这个细节上可见时人对厨师行业的不尊重。

　　父亲和王义均老、郭文彬老等国宝级大师都是从旧时代走过来的人，他们对厨师的不被社会重视与认可比起我们这些在新时代成长起来的人更加感同身受。正因为这样，师门家训第一句就是：坦诚做人，良心处事——不管别人怎么看，人不能自己瞧不起自己，不能自轻自贱，首先要做到问心无愧。

　　坦，坦率、坦荡，坦率以待人，坦荡以做人；诚，真诚、诚实，真诚以对客，诚实以接物。"张氏鲁菜"四代传承，170位门人弟子，手艺参差不齐，社会经历千差万别，只在这"坦"、"诚"二字上时时铭记在心，不敢稍忘。人们通常说，一个家门的家风形成在于它的大家长。那么一个菜系流派门风的养成就在于它的创门人，正是父亲身体力行地秉承了坦诚做人的原则，才感召着我们一代代将这个传统坚持下来。

　　父亲1971年开始收第一个徒弟，到2015年关门。亲传弟子一共 26 位,对这 26 个人,父亲可以说做到了坦诚相见、倾囊相授。他老人家总爱说一句话:我学徒那会儿,是偷着学、追着学,只怕学不会,你不往他(师父)跟前凑,难道还等他追着你教手艺吗?等到我教徒弟的时候,是追着教。

从 1978 年到东方饭店工作时开始,就进入师门学艺的国家高级技师、北京市优秀厨师申文清回忆:在跟从师傅学习期间,师傅有求必教,有问必答,教完以后还会追踪学习效果。是师傅的精心栽培,把我从一个普通的打工者,培养成一名有技术特长,有业务成就的高级厨师。

国家高级技师、中国烹饪大师李凤新,2002 年拜在门下,成为父亲第一个正式行过拜师礼的弟子,他也记得当初学艺时:师父每个菜都讲得很细,并且要求我们在制作中也要认真细致,不能偷工减料。为了让我们掌握好基本功,很多菜品师父都有量化要求。

父亲的另一位亲传弟子潘学庆清楚地记得当初学"红煨爪尖"这道菜的情形:"下午两点多钟,厨房闲下来了,师父领着我,就我们爷俩儿,亲自看着我下料、调汁,我兑一遍,师父尝,师父兑一碗再让我尝,然后给我讲差别。下的料火烧、水泡、刀刮、水洗一道道工序往下看。煨炖的时候,他就全过程守在边儿上,大火着色,中火入味,小火收汁,一步不落。炖到关键的火候,为了让我掌握软烂程度,猪爪夹出锅,他用筷子试一下,让我也试一下,实际体验触感,然后放回去再炖,再夹出来试,一道菜教下来,要反复试上几次,直到我自己掌握为止。"

涓滴细流,不厌琐细,每道菜从选料、配型、调汁、刀功到烹治、摆盘需要见功夫的关键诀窍,父亲都毫无保

留地传授给我们，把他几十年实践摸索与品悟到的心得慨然以告，绝不藏私，更为难能的是二十余位弟子不分亲疏远近，一碗水端平。到了我们这些二代传人收徒，大家一样延续着父亲的作法，对徒弟们坦然授业。一道菜，火候、技法、调味，需要注意的、考验功夫的地方，只有徒弟学不会的，没有师傅不教的。

　　说到"诚"字，不管是依然做着机关服务的弟子，还是走入市场闯荡的徒弟，每一个张氏传人都讲究诚以待客，诚心做菜。"张氏鲁菜"一直以来承担着北京市政府的接待服务任务，就是现而今在社会餐饮市场上叱咤风云的师兄弟们，早年间也多在市政府各类服务机构供职过，这其中更多的是各类会议的餐饮服务，客自八方来，没有一份以诚事客的心，是不可能做到让大家满意的。张氏传人有个不成文的特点，逢是接待重要贵宾或是开大型宴会，都要事先了解客人家乡何处、饮馔习俗与喜好、年纪及脾胃情况等背景资料，然后据此开列菜单。清代大才子袁枚写有《厨者王小余传》，在请教王小余如何满足食客需求时，王小余有一段话："作厨如作医。吾以一心诊百物之宜，而谨审其水火之齐，则万口之甘如一口。"这里的"心"即是用心与诚心，不用心则不知"百物之宜"，无诚心则不会"审水火之齐"。当人们问到细节，其曰："浓者先之，清者后之，正者主之，奇者杂之。视其舌倦，辛以震之；待其胃盈，酸以厄之。""舌倦"与"胃盈"都需要我们在客人就餐时注意观察与评估，如果缺少对客的这份诚心，自然无法发现。厨艺靠的是个人修为，修为不到不能勉强做出好菜，但从厨诚心以事客的这个"道"却是天下皆然的通理。

对人以诚，对菜也是一样。你认真对待每一道菜的出品，是保证这道菜成功的前提与基础。著名京菜大师佟长友先生曾对我讲过：中餐的魅力就在于手工，不适合标准化，而这个手工又不是无章法、无规律的，要经过系统的培训作为基础，然后存之于心、运之于手，讲究的是——口传、心授、动手。师门于厨艺之道，心授同时，还要有"心受"。一道菜，师傅教下来的是火候、是步骤、是要领，而要真让一道菜做成功，必须把心放进去：烹治之前，选材需要掂掇；上火之时，心要通着手、眼，配合着身体与脚下的进退；成菜出盘，要考虑到器形与菜形的美观。中餐出品是"短暂的艺术"、"遗憾的艺术"，它带来的"美"感享受只有短短的几分钟，它每次都会给制作者留下些许的欠缺与不完美。可无论怎样，是艺术就必须做到用心去沟通，从人到菜。张氏师门一众弟子有一个良好的习惯，不管工作怎么变、岗位怎么变，站到厨房里必是整洁、干净一身白色厨衣，这既是我们对职业的尊重，也是对每道菜的尊敬。

良心处事。中国人做事讲良心，讲的是不欺暗室、不昧心做事。于厨行儿来说，这更是必须具备的素质——厨师守着三尺灶台、俯仰间独对天地，用料的选择、斤两儿、卫生都是客人看不见的，良心不好，干不了这行儿。师门对这条儿规矩看得极重，不背客、不欺友，不悖德、不二行，每个弟子都谨记于心。就拿厨师每个人都很重视的荣誉、奖项举例来说，自上世纪八十年代中期开始到今天，父亲和我们这些张氏鲁菜的二代传人经常会被聘请为国内烹饪界一些顶级赛事的评判，也经常会有入门较晚的二、三代弟子参加这些赛事，遇有一门评、赛同场的情形，我

们会坚决避开，比赛过程中也绝不会为同门谋私、投机取巧。2012 年为迎接十八大，中直机关当时搞了个评比，我是评委之一，一个入门较晚的师弟在参赛前想场外加工食材然后带进考场，被我拒绝了。这在师门当时是很正常的做法，却给他留下深刻的印象，这么多年回忆起来，他说："师哥当时给我讲了两句话，第一句，比赛有纪律，不能违反；第二句，让你这样做了，对别人来说不公平。"正是有了良心处事的标准，张氏鲁菜的传人们都会通过锤炼技艺以提升自己的水平，从来不会通过钻营、吹嘘等手段以获得业内的知名度。

第二节　为艺之道

尊师重道，膳海求真。师门世传，为艺之道。

尊师重道，于社会来说都是公认的道德规范，在厨师这个行当里则要甚之于此。这是因为中国的厨师脱胎于传统文化，长期行走于江湖市井，手艺就是吃饭的家伙，能耐就是看家的本钱，师之于徒，不亚于父之于子。

厨行儿与厨师，自有这个"业"的语言与规矩。"业"者乃事业、同业之解。就从"业"者的相互关联性上说，厨师这个行业中，师与徒、师门与弟子的关系大概是最奇特的。厨师这行儿的技能边界与其他行业太过泾渭分明，边际线越分明，改行儿的难度越大，很多人都是终身从业。因此，这个行业的圈子十分稳定，尽管也有进进出出的变化，但是一聊起门派、师承，总能寻到根梢、脉络。一南一北，知名的饭庄和路边的苍蝇馆子，掂勺出菜的大厨，二者可能是同乡、同门、同菜系，彼此长年联络，三节两寿还能在师父家遇见。所以，厨师都非常看中师父与师门，做的不到位，甚至是背出师门都会在行业里难以生存，被大家看不起。

先说拜师。入了厨师这个行业，干上几年，手眼活泛点儿，很容易拜到一个师父。这样除了艺业精进，行儿里面也有了照应，我们管这叫入门师父。入门师父通常教的是基本功夫，案上、灶上，认食材、通配伍、看火性，一个厨师压身的本事大都是在这个师父身上学得，尽管这个师父大多数默默无闻，但保不齐徒弟日后却名声雀起。而一个出名儿的厨师，一般在修艺之路上都会有好几个师父，入门师父而外，各个阶段的提升、进步，要靠经过大阵仗、见过大世面、手上有硬功夫的师父点化、提携。这个时候，人品好、敦诚厚道的徒弟就会先面告前师，征得同意，师父自也不会碍徒大好前程；也有种种因由横亘，未得前师首肯，私相授受的，多少会招来前辈、后生的腹诽。如果入行儿时咬牙自悟，一时机缘得会，叩拜名师，既授基本功法，又得迷津指点以窥堂奥，遂以业立身，不但终事一师，且起点不凡，这种经历，是很多人求之不得的。

再说择徒。传统择徒，师父技艺成熟、有了盘口，或是东家开口，或是自己起意，准拟开门收徒，自然有人来荐，这就要先看人品、秉赋，要端方，要吃得了苦，这是头一关；定了人选，入门时讲究先寻下引、保、代——引师(介绍人)、保师(保证人，保证师授徒学、互尊等)、代师(师无暇时，代授)，这是第二关；入门要办个仪式，周知业内同道，好友，徒弟磕头、敬茶、递凭贴，这是第

三关。父亲他们这一辈厨师，赶上了旧传统的最后一茬儿，进了新社会，带徒授艺就变成了组织安排。一个单位里，既是同事，也是师徒，既不用磕头，也不用搞仪式。上世纪九十年代后期，老传统又慢慢的恢复与兴起，张氏门里才又有了磕头拜师的规矩。

父亲靠着勤学苦练、好学多问，在政务接待的工作中逐渐崭露头角，成为名师，并凭借着扎实的功夫、娴熟的技艺挣得了"鲁菜泰斗、国宝级大师"的美誉。这份技业与名声，也使得希望拜入门下的厨师趋之若鹜。父亲于上世纪七十年代开始收徒，世纪之交，徒弟李凤新成为第一个按传统规矩拜入师门的弟子，到今天，张氏门人已经传到了第四代、170多位。客观地说，一个门里四代相传不到200位弟子，"张氏鲁菜"在现今的厨行儿里并不算人丁兴旺、桃李天下，这里面，师门择徒严格有着很大的原因。

开门传手艺，立门立规矩。"张氏鲁菜"择徒授艺的时候，第一个标准就是要"尊师重道"，这个标准的具体尺子就是一个字儿——"孝"。现而今，师门的二代弟子甚至三代弟子都开始陆续收徒，这把尺子也一直传了下来。不仅我们张氏这一门，行儿内其他大师也把这个尺子做为收徒的标准，著名淮扬菜大师郑秀生就曾经说过：厨行儿讲孝道，在家孝父母，入门孝师父。透过"孝"字，可以看出一个人的人品，人品正才能把心眼儿、精力都用在"业"上，在菜上下功夫。

张门师训"尊师重道"绝非套话、空话，父亲一生有两个师父——王殿臣、张廷彩，但是学过手艺、请教过能耐，乃至切磋过一招半式的同行儿那可是多了去了。这些人，父亲都记着、敬着，逢年过节都致意、问候。年岁大了以后，就安排我替他登门拜望，每次他都亲自排名单，对准备的礼物——一盒点心、一包茶叶也必一一过目，这份细心与严谨的背后是他对"师道"的恭敬与尊重。父亲常说：人家把吃饭的本事教给你，一句话、一个点拨，就可能是你一辈子都琢磨不透、弄不明白的。你学来了，就要在心里记得人家的好，哪怕只是问个好，让人家知道你没忘了这份恩情。说到"尊师重道"，还有被引为厨行佳话的一段往事。我私淑敬学的一位父执前辈、国宝级面点大师郭文彬老先生一手抻面绝活儿，是跟北京泰丰楼的周子杰师傅学的。多年来郭师傅心里面一直有个过节儿：当年学抻面的时候，他并没有磕头拜师，如今这门手艺为自己带来了名利，教他的周师傅却没得到好处。可郭师傅退休好几年之后，大约65岁了，非要在龙潭湖公园举行拜师仪式，正式拜周师傅为老师。郭师傅讲的好：文人里还有一字之师的说法呢，咱们也不能忘恩负义，就这一招人家教了我，人家就是我老师。

张氏一门，将"尊师重道"放在授艺传道之前必修的"思想课"，这也正应了一句古话——未曾学艺先学做人。

到了入门以后的修艺阶段，师门又传下来四个字——"膳海求真"。"膳"，《说文》解：具食也。就是说准备食物。《周礼·膳夫》载"掌王之食饮 膳羞"。可见，亘古以来，治膳是厨师的职业内容，而数千年传下来可以为膳的菜多如牛毛，故而"膳海"以概括中餐菜肴毫不为过。论起中式菜肴，著名京菜大师佟长友老先生说过：中餐的特点，口传、心授，是模糊科学、相似技艺。这番话讲的就是中餐的"真"不好求。中餐讲究修为，师父传了本事，那只是个人厨行儿生涯刚开了头，后边能成多大

事，要看个人修为的深浅，深厚的功底之外还要加上敏于识辨、勤于观察。一代名厨一辈子手艺扎实、过硬，却不一定能够带出同样名震勺林的弟子就是这个原因——茶壶里煮饺子，有货倒不出、手到嘴不到，固然是为师的问题。灶边儿上站久了，靠着别人点化、自己琢磨，把一点一滴的手艺活儿积累下来，全凭的是感觉与自悟，传下来、传多少，有时候真的不是师父不教，而弟子修为欠火候也是一个主要因素。张氏一门不一样，由于在政府机构里工作，从七十年代起，东方饭店续耀珠经理就要求父亲承担起厨师教学任务，父亲也从不推辞、藏掖，尽其所知倾囊相授。不仅如此，考虑到弟子们各人修为能力的差异，他还把一些关键诀窍尽可能地加以量化或是口语化，一时不懂可以先记下来，以后工作中慢慢品去。一来二去，"张氏鲁菜"形成了相对独特的师带徒的方法——于模糊处求真技，从相似中传标准。这也就是求"真"的境界。

　　"张氏鲁菜"底子是做鲁菜的，鲁菜非常讲究厨师的个人功底，我们这行儿里过去流行过一句话："三年川厨，十年鲁厨"，就是说没有十年出不来一个能拿得起来的鲁菜师傅。张氏门里四十年间只收了二十六个二代弟子，这二十六个弟子真正学到鲁菜"真味"的也屈指可数，更多的师兄弟都还处在修炼、自悟的阶段。尽管技艺上距离"化境"尚远，但师门"求真"的精髓却深印在大家的工作上。师弟李凤新曾说："师父做事严谨细致，要求十分严格，小到配哪种餐盘、调料用量几克，一点儿都不能有差。比如吊汤、泥子、干货发制是鲁菜的三大基础，为让我们掌握这些基本功，师父不但每个菜都讲得很细。在制作中也要求我们要认真细致，不许偷工减料。很多菜品师父都有量化要求，很多小细节，容易忽略的地方都细化要求。经过师父传帮带，徒弟们做的菜肴不走味。"

厨师的工作核心是把饭菜做出来服务客人，标准说着非常简单，简单到只有两个字——"好吃"。但就是这么两个字，多少厨师就倒在它脚下，那背后就是忽略了"求真"。好吃是个大道，这个道一点儿也不比科学研究简单，把一个菜做好学问很大，细节上必须较真儿，过去一些传统老菜制作起来很有难度，但都是老一代认真摸索出来的，全靠实实在在的操作，没有半点虚的，要把菜做好，这条道绕不过去，力气也省不了。"张氏鲁菜"的办法是让弟子们先把菜做得不难吃，再追求"好吃"。不难吃是"术"，"好吃"才是"道"。如果说"张氏鲁菜"的味是"术"、是"然"，那么这"道"就是"所以然"。把"所以然"的东西拿走，先让弟子学会"知其然"、记住这个"然"，再在从业的历程中去锤炼、去品咂，弄明白"所以然"，这就是寻道的过程，求"真"的路径。

"张氏鲁菜"求的这个"真"用父亲的话来说，就是必须不断加强厨德的修养，就是要一丝不苟认真地把菜做好，就是在顾客看不见的地方不凑合、不马虎，就是把自己当成顾客来做菜，这些概括起来就是"严"和"细"。寻常一道"红煨爪尖"主材用的猪爪，爪缝内的猪毛很难去净，如果处理不干净就会吃出异味和杂毛，菜就砸了，因此火燎、水泡、刀刮、清洗，道道工序不仅不能省，还要格外严格，无黑斑、无细绒才算符合下锅条件，顾客看不见，做的人要自律，这就是严的作用。制作工艺上要精细，很多菜要考虑到客人食用方便，在保持口味基础上，吸收各家之长，想各种办法把菜肴加工的更细。有的菜带

筋，不抽去也没什么，但厨师费点功夫把筋抽去，给食用
者带来的就是方便，菜肴口感就不一样，菜肴档次也就提
高了；制作樟茶鸭的时候，上桌时不能像一般餐馆做的那
样连骨斩块，而是像片烤鸭一样，片下鸭肉不带骨，配荷
叶蒸饼食用，这样用餐者就餐时不用吐骨头，很方便。顾
客不知道，但厨师要想到、要多做，这就是细的要求。

师门讲"膳海求真"之所以用"求"，是因为在寻道
的路上必须永远前行，只要你是厨师，你一天还在厨房里，
就要不断地去思考、去追寻为艺之道。父亲挂在嘴边儿上
的一句话：把活干好是没有止境的。

第三节 为业之道

有容乃大，弘扬国粹。匹夫怀志，乃师门为业之道。

说到"有容乃大"， 语出《尚书·君陈》："尔无
忿疾于顽。无求备于一夫。必有忍，其乃有济。有容，德
乃大。经以载道，术以践道"。长久以来，只是因为厨师
从业者多为文化较低的群体，故而多有以术践道之辈，少
有著以载道之师。

要阐释厨业、师门为什么强调"有容乃大"，就要先
从厨师的看家工具——"勺"上说起。勺，考古发现远古
中国人最早使用它是在距今七、八千年前的新石器时代。
勺之于烹，有很多便利之处，具体说来：便于取调料、油、
水、汤，便于掌握取用量，便于配合颠锅，便于敲散锅中

食材，便于掌握好出菜形状。正是有了这许多便利，勺才与厨结下不解之缘，因此故往以来，中国人把厨师又叫"勺客"，厨行儿又有人称为"勺林"。由此可见，厨与勺的密不可分。菜系林立的中餐业，做为北菜代表的鲁菜师傅们更是须臾离不开勺。各菜系中，鲁菜最早使用勺，最早总结出握勺、晃勺、翻勺、出勺的一套完整动作规范，使用勺的技法最全面、最独特，大翻勺更是鲁菜的独门技法，鲁菜师傅有所谓一人看三把勺的技术。

勺在炒菜过程中，扮演的是个理想而完美的"和"者。其含有兼容与包容的寓意，用繁复的个性调和出缤纷的美味，使各种原料及滋味和谐相处。勺符合中国传统文化倡导的"和为贵"、"容万物"的精神。和文化与容文化正是勺文化追求的本质所在。

勺作为厨师的一种工具、一个盛器，它让我们掌握的是一种取舍、一份选择。一个厨师如果能够深刻地领悟到勺本身具有的包容精神，那么如何做到对食材与配料精准地把握、正确地取舍就会变成他一件终身的课业，也会让他对自己从事的职业有一个积极的态度。

厨师手中的勺承载着"和"与"容"，厨师与勺之于天下的美味则意味着"生"与"出"，是《易经》所谓"地势坤"。因此，缔造这美食的人要像大地一样有包容万物之胸怀，兼收并蓄，造化孕育，体现在每道菜上的就是胸怀与气度，就是理解与包容。一个厨师要想成为名师、宗师，人勺合一、体仁格物是必由之路。

"张氏鲁菜" 喜欢吸收他人优点，借鉴其他菜系，甚至是西餐烹饪方法以研究、创新菜品，无论是加工工艺还是调味材料与方法都能够勇于尝试、与时俱进。做到这

一切，就是因为师门毫无门户之见，坚持以开放的心胸"和"他山之玉、"容"异彩奇葩。

"有容乃大"体现在对于治馔烹饪的认识上，师门信守"物有贵贱，菜无二品"，无论哪系、哪派，手眼到了，功夫到了，做出来的菜都是一流，都有值得为我所用的价值。父亲常说：各方菜有各自特点、长处。要取长补短，扬长避短。要不断学习，和各方菜的师傅们多交流，技术才能不断提高。一个厨师不要过于看重名誉，那是身外之物，但要看重自己的名声，名声对于厨师很重要，不能马虎从事，落个不能容的名声，谁都不能提意见，你做的菜别人不能讲个"错"字，谁还肯指导你、提点你，你还怎么能进步。正是坚持做到了"有容乃大"，《京华名厨传》才给"张氏鲁菜"做出了"精通鲁菜，旁通南北菜系，博采众长，自成一格。"的高度评价。

"有容乃大"不仅体现在菜系、门派的见识上，还体现在对人的交往与沟通上。张氏一门仅二代弟子就至少有一多半或是带艺入门或是多方求学。当年的十六位国宝级大师都曾经是我们问学的对象，父亲没有丝毫的不快，反而鼓励我们敏于借鉴。上世纪七十年代起，父亲在东方饭店时期，就为市政府机关各业务系统培训厨师，到了八十年代，更是开始为宣武区饮食公司、烹饪协会以及市属各企事业单位培养了大量的厨师人才，一拨一拨的教下来，多了很多未曾磕头拜师的"门外弟子"，父亲全部一视同仁，有问必答、有学必教。即便是门内弟子，不少到社会上自己开店、闯牌子，做的出品也不是家门儿里东西，大家一样时不时地聚到一起相互交流、博采众长，没有丝毫忌讳。

"有容乃大"放在今天，还要求厨师眼界开阔、博识旁通。华夏传统讲究凡事不宜苟且，而于食馔烹饪一道尤甚。飞速进化的社会，厨师的目光不能仅停留在单纯的厨艺提高上，要学会对先进工艺的借鉴，比如分子烹饪法、汽蒸法等；要学会艺术修养的提高，比如国画、文学在摆盘、造型上的应用；要学会消费心理学，比如对新兴食材的选择、风味调配的流行敏感把握；要学会营养学，比如对少油、少盐的概念理解、营养适度的调控；要学会如何对口味进行标准化定型。跳出厨房看厨行儿，这个行业才能有发展、有前途。

今天的中国也好、世界也罢，都被裹在高速前行的浪潮中浮沉。这块土地上奉行了几千年的传统手工技艺、传统敬天惜时的生活方式都在漩涡中被抛弃、被淹没。但是，我们应该相信天道循回，应该懂得顺应自然，应该坚信老祖宗通过时间流逝留给我们的东西是财富，不能毁在我们手上，不能断在我们身上。所谓匹大怀志，我们虽是介微厨师，祖师爷赏下了吃饭的能耐，就要通过我们传承下去，弘扬起来。因此，师门有训"弘扬国粹"。

孙中山先生曾经总结最具代表性的四大国粹：中国京剧、中国国画、中国医学、中国烹饪。烹饪有幸忝陪末座，他还在《建国方略》中开篇即抒胸臆："夫悦目之画，悦耳之音，皆为美术；而悦口之味，何独不然？是烹调者，亦美术之一道也"。由是观之，厨师乃弘扬国粹，精研烹调之道不二之人选，肩当道义，以此为凭。

餐饮江湖历史悠久，这是一个特别讲究规矩的行业。为厨先学徒，学徒先杀鸡，杀完鸡，要分出鸡的年份，头年鸡、两年鸡、三年以上的鸡。头年鸡做炒仔鸡、葱扒鸡，两年鸡做烧鸡、香酥鸡，三年鸡做红烧鸡块、油泼鸡，鲁菜里头光鸡就有几百种做法，肉质不一样，对口感影响非常大。这就是过去厨房的一项最基础的活——分档取料。过去的厨房，猪、鸭子、鸡都要经过"分档取料"程序，现而今这道程序被省略了，变成了简单的"粗加工"，这个是过去大师傅学徒阶段反复做几年的基础工作，如今很少有人懂了。上了灶头，灶上用火分"内火"、"外火"、"穿膛火"，做菜有炸、熘、爆、炒、烹、烧、扒、烩、焖、炖、㸆、煨、煎、汆、蒸、烤、贴、塌、熬、涮等二十余类、七十余种技法，头、二灶走酒菜，也就是大菜、高档菜，三灶以下走饭菜，也就是家常菜。堂会、宴席走菜也大有讲究：上菜时，堂头儿统筹全局，火上师傅要"听信儿叫起"。第一道菜走起以后，桌上始终要保持在四到六个菜，吃得差不多了，"给信儿催菜"，再接着往下走，台面儿上始终保持这些菜，少了不好看，多了起摆也不成。这些老规矩、老功夫，现在很多厨师连听都没听过。

新中国成立以前，中国的近代发展缓慢，加上内、外战乱频仍，各行各业都沿留着过去的模样，既无所谓失去，自然也谈不上弘扬。新社会，各行各业平等，厨师地位得到了较大提高，传统的技艺得到尊重与发扬，本应该迎来更为璀璨的明天，却因为十年浩劫而成断崖式的崩摧。改革开放以来，随着社会市场化的转变，餐饮行业得到了爆发式的繁荣，厨师一下子变得供不应求、炙手可热。巨大的市场需求带来了负面影响，一是泥沙俱下，鱼龙混杂，未经过系统训练的厨师，甚至从未有过从业经验的野路子都披挂上阵，搅乱市场不说，把传统的东西全都搞丢了；二是为了片面追求利润，迎合市场，撇开传统中餐的规律瞎创新，不顾食材搭配的合理性"拉郎配"，单纯追求味觉刺激，大量添加化学调味品制剂，让本来就不会吃的一代变得更加找不到根；三是个别公共传播机构、文化机构，根本不了解中餐传统与传承的内在文化，盲目地追求好看、热闹，曲解传统，制造伪传统，将中餐烹饪完全导向悖离传统文化的地带。牛金生老师对此有个概括的总结：吃的人瞎吃，做的人瞎做，说的人瞎说。国粹在这样的环境下不要说弘扬，而是正在加速消亡。

父亲这一代人应当是经历过"文革"的最后一批衔接了新、旧社会的厨师，他们经过、见过传统，他们是按照传统训练出来的、能够原汁原味承载国粹的一代人。这几位开宗立派的大师虽然没有受过高等教育，甚至仅只略识几个大字，却有"文化"、有"识见"，他们谦恭礼敬、朴实无华，精研技艺、嗜业如命，奖掖后辈、吐哺而授。他们身体厉行了弘扬国粹的责任，他们当得起"国宝"二字。

师门"弘扬国粹"首先要求弟子做个合格的厨师。过去有句俗话说："老阴阳，少厨子。"厨师工作是一种强度较大的劳动，要成为一名合格的厨师，从身体素质上讲，首先要有健康的体质。厨师的工作很辛苦，不仅工作量大，而且较为繁重。无论是加工切配，还是临灶烹调，都需要付出很大的体力。再者，厨师还要具有较强的耐受力。厨师工作与普通工作不同，往往是上班在人前，下班在人后；做在人前，吃在人后。有人形象地概括为"四得"，即饱得、饿得、热得、冷得。第三，厨师还要反应敏捷，精力充沛。做菜是门"短暂的艺术"，在加工过程中，有些菜需要急火烹制，有些菜需要迅速上桌，往往要求在很短的时间内完成一系列的操作程序，这就要求厨师具有敏捷的思维、熟练的动作和充沛的精力。这些专业素养与训练，从进入

师门那天起就得开始，也是师门识材选徒的门道。

弘扬国粹，要有本事留住老手艺，要能把地道的玩艺传下来。厨师这个行业是勤行儿，就得坚持人不离灶、手不离勺，烹制的火候、取料的准头儿都是在练中培养出来的感觉，长时间不进厨房，任你是多棒的手艺，也得重新往起拣。父亲这一辈子很平凡，一生别无爱好惟爱烹饪，虽然被评为国宝级烹饪大师，但对自己的要求依然非常严格，直到七十多岁高龄仍是坚持上灶。后来回到家闲下来，徒弟、徒孙们上家里看望他，他一高兴了还要带着人家进厨房练勺。师门的规矩，门人弟子无论将来成了多大事业，定期要穿上厨衣进厨房做上回菜——手艺人必须得靠手艺，得拿手艺说话。"将来山东菜没人弄的时候，我们可以找回来。"这是父亲告诉他的每个徒弟的，他的弟子们也是这样坚持的，自己有买卖的李凤新、潘学庆是这样，还留在体制内的申文清、闫鑫桥亦是这样。按说这些二代弟子都已经到了可以"说"菜的位置，大家依然坚持隔三岔五地进厨房，为的是手艺不撂荒。

时代在改变，社会在进步，中餐也在不断创新，今天的人们，食材丰富了，选择多样了，这是好的方面。但是说回"国粹"，我们从宏观上看并没有太多的发扬，没有了传统的底子，创新变成了无根的浮萍，一阵子香辣蟹、一阵子又是小龙虾，各领风骚不过三五载；紧张的生活节奏、巨大的生存压力，人们更加寻求味蕾的刺激，一辣当先，怪味风行，简餐、速食当道，再没有了过去从容品味美食的那份自在，没了会吃的吃主儿，大家对食物的味道、口感要求越来越低，纵容的厨师水平也越来越低，刚入行儿的很多新人已经不耐烦扎扎实实地学手艺，而是剑走偏锋，靠噱头、靠怪异博眼球。油爆双脆、芙蓉鸡片、糟熘鱼片，一道道流传了六七百年的经典菜肴濒临失传；炒肉丝的肉丝像筷子一样粗，木须肉里的笋丝变成了土豆丝，火爆腰花扣出来黑乎乎，二把刀的厨师打着鲁菜的名义毁鲁菜。

"张氏鲁菜"在当今的现实社会里做不到绝世独立，师门子弟也要挣钱养家，但是我们能做到在传统的坚守下去利用烹饪原理进行创新，能做到逐渐尝试恢复传统的方式通过口味的调整以适应更多的顾客，让大家慢慢地找回对美食的感情，通过食物与自然、人与食物的勾连让更多的人重新认识鲁菜的魅力。

《舌尖下的故事——经典与家常》一集中，厨师是王小明，他说现在的孩子都是吃麻辣烫、各种香精长大的，嘴全乱了，从小就要树立一个观念，本味最重要，胡萝卜是胡萝卜味，芹菜是芹菜味。从这个角度说，鲁菜是最适合给小孩子吃的、养成良好饮食习惯的菜系，因为鲁菜注重原味与本味。"张氏鲁菜"愿意在这方面做出表率与探索。零点调查的袁岳博士曾经讲过：味道是需要记忆的。没有记忆的味道，没有品尝的经历，就无法谈到对味道的需求。弘扬烹饪国粹，就要有更多的美食客去品味、去感受，鲁菜的技法需要传承，鲁菜的味道同样需要代代传承，"张氏鲁菜"作为鲁菜大家庭的一分子，作为中式烹饪国粹的一分子，弘扬与光大鲁菜是责无旁贷的使命。

除却巫山未为道，洗尽铅华方是本。"张氏鲁菜"以"道"载"味"，以"道"驭艺，以"道"兴门，以"道"传承。

启 [4]

第四章 | **启**

启

　　过去勤行儿里有句老话叫：三年出徒。其实较个真儿应该是三年零一节。学徒先干杂活儿，杂活也分门类——上等的"开牲"（屠宰）、"料（音 liǎo）青儿"（择、洗菜），中等的"挑圆笼"（出外烩挑杂物）、"涮家伙"（洗碗、蹭锅），下等的是打杂（挑市、抬冰、打扫卫生、倒垃圾）。学徒头一年是进不了厨房的，更不要说能摸到灶边了，每天干下等杂活儿，就这样儿还得聪明机灵，要知道如何讨师傅开心，傻干活和不会干活的从这头一年坐根儿就别想进厨房了。到了第二年，那些眼力价儿够的主儿才真正有机会接触厨房，也不过还是在外围干粗活儿、打磨磨儿。虽然如此，却是厨师一生中打造最坚实基础时候，认菜、识材、分菜、取材、控量等等这些看来枯燥乏味的事情，都是这会儿炼出来的。第三年终于可以进厨房

了，开始"涮家伙"、"料青儿"，能走到这一步，才可以说算是干上这行儿了。这个时候才能真正学到掌握火候，投放食材和佐料的顺序，炒菜的手法，当然都得是偷学，因为师傅还没教呢。其他都是可以偷看得到，关键的就是味道，要想知道味道，小学徒只能在刷锅的时候偷尝锅底，还不能让师傅发现。三年徒满，实际上还没炒过菜，这就显出老辈儿说法中还有一节的重要了。三年徒满，不能出徒，只有再过一节才能出徒，端午、中秋、除夕，满三年后到了最近的一个真正出徒，这段时间徒弟可以上灶炒菜了，而且师傅会适当点拨，但是想得到真传那是不可能的，教会徒弟，饿死师傅，师傅的真传是不可能教给徒弟的，但是聪明的徒弟可以偷招儿自悟，这也应了另外一句话，师傅领进门，修行在个人。

说这么多，是因为父亲当年学手艺走过这个阶段整整用了六年，辗转三个店。就这样儿，第一次上灶还是大着胆子闯出来的，要不，还不定得等到哪个年月儿才能掌勺炒菜呢。也正因为自己学艺经历了这么多的坎坷，张家门儿收徒才立下了今天的规矩：只重人品，分文不取。为是让更多的后辈学到真正的手艺而不被陈规陋习挡在门儿外头。

第一节　学艺

时间回到1943年，父亲当时13岁，经同村一个在天津饭馆里当伙计的堂哥引荐，进入天津致美斋学徒，开始了自己七十多年的勤行儿生涯。天津致美斋开在当时天津法租界32号路，掌柜是山东福山（今烟台福山区）桃园村的迟星三，全店东伙80多人，60%都是福山人。致美斋的鲁菜在当时的天津非常出名，大军阀孙传芳、天津督军陈光远等都是当时的座上宾。

那时自小儿外出学徒的，没别的原因，就是家里太穷，学厨行儿也不为别的，就是门槛低。可别小瞧了这门槛儿，过去进店学徒，得有中人（引荐人）、保人（担保），未曾入门，先得搭人情、送礼，入哪一行儿的行事（送的钱）都不一样，厨行儿是这里面最低的。即便如此，到了店里头还得先签个契贴，大致意思是："立字人XXX，因家贫无法度日，情愿投到XXX店铺当学徒，三年为满。粗杂使役，一任分派，只许东家不用，不准本人不干。学徒期间，无身价报酬，学满之后，身价面议。如有违反铺规，任打任骂，私自逃走，罚银若干，投河奔井，与掌柜无关。空口无凭，立字为证。"学徒如果对契约条款没有异议，就在上边签字画押，成为正式学徒。这种契约和拜师帖又有不同，它不是师父与徒弟之间的契约，而是学徒与餐馆之间的契约，等如是现在的劳动合同。

到了天津致美斋，父亲的第一个师父是后来成为中国烹协首届理事的名厨王殿臣（山东招远人），但是当时并没有行拜师礼，因为你就是个小力笨儿，所谓师傅，也就是分到人家手底下正归当管听差使。父亲和一众小学徒起五更爬半夜，辛苦了一年多，拿着三节赏下的不到一般伙计份钱三分之一的堂彩，仗着勤快、伶俐，刚刚要摸到厨房门边儿，就因为人事变动的原因跟着几个小学徒一起进了天津登瀛楼。

天津登瀛楼开在南市东兴大街 103 号，股东康振甫等人大胆启用普通服务人员王桂为经理，王桂领东经理后，制定了铁一般的制度，对店内员工严格的要求，1938 年王桂病逝，由王梅、栾希堂接任经理。1931 年为了扩大业务，在天津法租界兰牌电车道（现滨江道）开设了登瀛楼北号，掌灶师傅张廷彩（烟台福山古现镇南张家村）、吴兴裕、李德训、潘玉藻等。登瀛楼以烹制胶东风味鲁菜为特色，鼎盛时期员工 400 多人，98% 为福山人，拿手名菜糟熘鱼片、葱扒海参、生焖大虾、烩乌鱼蛋等，梅兰芳、袁世海、张君秋等名伶都曾专程过访。登瀛楼的厨师们还根据顾客的喜好，在津首创了"指定名菜"的服务举措。像冯国璋亲点的糟蒸鸭头，华世奎想尝的拌庭菜等，其实登瀛楼此前并没有这些菜品，完全是根据顾客的需求来研究烹制的，深获好评。举人张志潭是丰润人，1917 年担任北洋政府内务部次长。美食和京戏是张志潭的两大爱好，张志潭特别喜欢鲁菜，来到天津后便成为登瀛楼饭庄的座上宾。登瀛楼得知他书法精湛，便请他来题写匾额。源于对鲁菜感情，张志谭爽快答应，要求是将招待他的那桌酒席菜品的烹饪技法，原封不动地传授给他的三夫人，因为他的三夫人也很喜欢厨艺。张志谭与登瀛楼结下了情谊，有一次特别将他以前在清宫中吃过的醋椒鱼的做法教给厨师，使之成为了鲁菜与登瀛楼的招牌菜之一。

父亲 1944 年就进到了登瀛楼的北号，拜师张廷彩，头一年重新打杂，二年开始学习杀鸡褪毛，第三年头上学着发参，把三年学徒流程又从头走了一过儿。登瀛楼一做三年，店里的铁规以及师父张廷彩的严格要求，使父亲形成了后来认真、严谨的做事风格，父亲常说："接过来的工作，要一丝不苟完成好；交下去的工作，要严查落实执行好。"如果说其来有自，恐怕就是这一时期在他心里烙下了深深的印记——十几岁的孩子，正是一生性格养成的关键时刻。登瀛楼也一直记着这个后来成为国家国宝级大师、鲁菜泰斗的小学徒——屡次准备安排父亲时隔68年再回天津，故地重游。

登瀛楼那时候有一批从北京顺义天竺过去的小伙计，其中一个在掌东家里应门房儿，俩人过从挺好，父亲就总去玩儿，一来二去引起了老板娘的注意，聊起来竟也是同乡，看到父亲一个半大小子，很讨人喜欢，老板娘就想帮他一把，给他指了条道儿——上海丰泽楼需要从有合作关系的天津登瀛楼调一批伙计帮忙。

上海丰泽楼，开在上海国际饭店二楼，与北京的丰泽园一奶同胞。1931年秋，时任北京丰泽园饭庄经理的栾学堂，由著名影星胡蝶引荐，赴上海创业，并于1932年春开业，从前到后，清一色福山伙计，因为有胡蝶等名人的关系，一开业即轰动上海滩，成为当时上海不多的北派馆子之佼佼者。为满足经营需要，20世纪40年代，栾学堂又从京、津、鲁各地招来王殿臣、王宜新、王懿臣、王国樑当灶，即丰泽楼历史上的"四王"，这就是1946年天津致美斋员工到上海"丰泽楼"从业的来历。另外，墩子宋大铨，面案张传臣、潘景古、王荣勤也都为一时之选。父亲得知这件事的时候，上海"丰泽楼"已有员工近百名，

能宴开 60 桌了。

1946 年，随着国共对峙的形势不断变化，天津的餐饮业已经渐趋没落。对一个在津门独自闯荡四年多的年轻人来说，十里洋场的上海无疑具有更大的诱惑力，"丰泽楼" 90% 以上的员工为福山人，又有很多是从天津过去的，人应该不难相处；做的是正宗风味的鲁菜，自己手艺也用得上，趁着好年纪正应该去开阔眼界，父亲没有犹豫，揣着写给丰泽楼堂头的荐书，只身一人登上了从天津开往上海的一艘运货的小轮船。过了几十年，提起当年这件事，父亲总是感慨运气好，一是有贵人相助——当时名额少，想去的人多，他这么个厨房里的像样营生儿一天没干过的小学徒能得到这样一个机会，多亏了老板娘惜才；二是路途顺利——兵荒马乱的年月，很多天津到上海的船后来都不知道停靠到哪儿去了，而他经过九天的飘荡，顺利地踏上了大上海，找到了丰泽楼；三是丰泽楼当灶的王殿臣恰巧正是自己当年致美斋的挂名师傅。

纵使有了这么多的"好运气"，初到上海的父亲还是只能从学徒干起——他开始负责给灶上的师傅们"蹭勺"，也就是"涮家伙"的一种。勺，是鲁菜师傅们看家的"兵器"。在过去，烹饪灶上用的都是熟铁锻的大勺，有单底勺、双底勺，小的二斤多、大的能到六斤多，从功能上说，爆、炒、烹、炸、熘用炒勺，扒、烩、汆、烧、爝用汤勺，还有滑油用的油勺，有功底的师傅光炒勺就讲究"一炮三响"——一人看三把炒勺，一把主勺、两把边勺，勺的用量非常大，频次也高。当时的丰泽园、丰泽楼一式的规矩：为了防止每道菜之间串味儿，每把勺只能用一次，一道菜下来，必须将勺内用细砂、细炉灰轻磨细蹭，水洗擦净，开水煮烫、烘干，四道工序后，才能再用。火上的师傅赶到饭口上忙的不可开交，这活儿自然就落到学徒身上，一把勺得蹭到百十多下才能干净，店里生意好的时候，一天能交下来百十把勺，一个人每天就得蹭三四千次，怂点儿的徒弟吃不了这个苦。父亲从没跟我们子女提过他当时觉得苦，倒是说当时留着心想多蹭几把勺，为是能尝到锅底的调汁味道。巧的是后来回到北京结识了丰泽园的王义均王师傅，俩人同被评为国家国宝级大师，同为鲁菜泰斗，老爷子们聊起来当年学徒的经历，蹭勺的时候都干过这一手儿，也算是"英雄所见略同"了。

　　父亲的勤谨，入了灶上几位师傅的眼，他们看这个孩子踏实、肯吃苦、眼里有活儿，就商量着有心提拔他，把他调上来"料青儿"。"料青儿"在以前又叫"听用"，主要职责是择、洗菜，还有就是在厨房里听师傅招呼、跑腿儿，往通俗了说，在后厨里就相当于麻将牌里的"混儿"。到这儿，父亲算是进了厨房，却是厨房里最底层的角色，当时丰泽楼三位料青师傅，他是最嫩的一位，但也是干活儿最麻利的一位。那时候，厨师都没什么文化，很多人进了厨房就挺知足，不少人"料青儿"、"开牲"能干上一辈子，可父亲没满足，他心里憋着股劲儿要在这行儿里干出点儿样儿来。人有心事就凡事走心，干完了手上的活儿，他就寻摸着哪儿能多伸把手儿，还真让他逮着了门道——菜刀！"料青儿"的菜交到墩上，切丝儿、切片儿、切块儿、切丁儿等等一切离不开菜刀，桑刀、片刀、文刀、武刀、斩骨刀、九江湾，很多时候一天用不下来，刀就钝了，墩上一忙或是一懒，就只换刀不磨刀，往往是等一天的活儿停当了，攒到一块儿磨，来不及了就耽误事。父亲主动

把磨刀的活儿揽了下来，看见放下的钝刀就磨好了再放回案上，一来二去案上的师傅们都感到干活儿顺手多了，也对这个小伙计另眼相看了。这就说到了当时丰泽楼头案宋大铨，人送外号"飞刀宋"，绝活整鸡剔骨，分把钟的功夫儿，一只鸡剔得干净利落，肉不带骨，骨不连肉，宋头儿这活儿离不开快刀。因此也就对父亲起了爱才的心，父亲为了练出刀功，经常找机会向他请教，宋大铨也不藏掖，问一答十，将自己的手艺都交了出来。时至今日，父亲提起往事，还深有感慨：那是个能人，你甭管肉丝、肉片，要斤要两，眨眼功夫切出来上秤，不带差的，就这手艺，给老板省下多少料？哪个老板能不用这样的伙计，他就告诉我六个字——刀要快，下刀准，等你把刀工练出来了，你再咂摸滋味，还真就是这六个字。

老年间的厨房没有今天这么讲究，一般有点派式的饭馆子也就两个灶，丰泽楼属于规模大的饭馆，专设了四个灶头，四个灶自然就有四个掌灶师傅。看着父亲讨人喜欢、干活儿主动，再仗着师父王殿臣的爱护，也偶尔得闲儿的时候让他试着在灶上炒几个家常菜，点拨一下。在师傅们眼里权当是玩儿，父亲却认了真，人家教给他一道，他就在这道菜上走心地看着别人平时怎么做，然后再用心揣摩，逢着厨房不忙了，他就拿块儿手巾叠成四方形再拿水浸湿了，放到炒勺里反复练习，逮到下次再做这道菜的机会就再比划。慢慢的，对灶上拿勺这事儿不那么陌生，也不那么神秘了，但是机会毕竟有限，难的是手痒，总想摸锅把儿。可是那年月儿，手艺人都保守得很，基本功教的了，调味、火候那是看家底儿的，说什么也不往外掏。父亲也有他的招儿，按他自己的话说：事事靠前站，总在他眼前晃着。他招呼什么我总到，看明白了以后，不等他招呼我就到。那些"料青儿"、"开牲"干不了的细活儿，师傅必须得自己来，有时候取肚头儿、卸鸡芽子，甚至伺候高档食材，一个人弄很费事，父亲就主动往前凑着干，你多干点儿，师傅就轻松点儿，日久天长，你会的就越来越多。雏凤发声、彩蝶破茧就差个时机了，这年夏天，机会来了。那天，刚交过饭口，灶上的师傅们都躲到外面的树荫儿底下纳凉，跑堂的传下一道"红扒鱼翅"，厨房里只有父亲一个人。照规矩，这道菜他是摸不上的，不要说他，这么高档的食材，那时候只有头灶、二灶有资格加工，他们做的燕、翅菜叫酒菜，三灶、四灶做的扒肉条、干烧鱼叫饭菜。几番犹豫，父亲还是没舍得放过这个时机，乍着胆子，一边坐勺、放料，一边回想自己看过的步骤、尝过的汁口。菜烧好走上去，父亲的心就提到了嗓子眼儿——一旦客人炸了雷，他肯定就得卷铺盖走人，结果是他背后勤练的技艺有了回报，客人没提出任何意见。老人家炒了一辈子菜，这是他印象最深的一道，凭着这道菜，他的功夫在丰泽楼不胫而走，没过多久，就成了独立上灶的师傅。后来老人收徒弟，一直鼓励大家把基本功练扎实以后，大胆上灶，就是这道"红扒鱼翅"的功劳。

1949 年上海解放，但是由于其当时在远东的国际地位首屈一指，所以繁华一时未能尽褪，一直到 1956 年，新华社 9 月 10 日的报道还称：最近一个多月来，全市许多著名的高级饭店、酒楼，忽然一反夏季营业清淡的惯例，天天有人请客宴会。每天黄昏五六点钟，已经座无虚席。离国庆节还有二十多天，南京路、福州路这一带的饭店、酒楼已经定出节期的酒席一千多桌。而此时，父亲刚刚踏上北归的旅途。正是这样一座国际性大都会的城市，饮食上中西荟萃、百珍毕集，南北交错、水陆杂陈，给了厨师们发挥技艺的巨大空间与潜力。父亲在烹饪上肯钻研、勤琢磨，不囿于鲁菜，更兼猎淮阳菜、川菜，甚至是西餐的优良烹饪技法，加以实践运用。父亲后来回到北京从事的工作之所以得心应手，颇得益于当时在丰泽楼的工作，一方面，父亲那时候是三灶，按规矩，他包炒饭菜，也就是滑熘里脊、酱爆鸡丁、油爆肚仁、氽海参、氽鱼肚这些精细家常菜，整日里过手都是这些平凡中考验技艺的菜，造就了他扎实的功底，回京搞接待，新政府崇尚俭朴，少用高档食材，多是于寻常见非常的宴会，正对了他的路子。再一个，解放初期，上海作为新政府向社会展示的窗口，经常举办一些大型招待宴会，甚至不少外事宴会。例如，陈毅市长在丰泽楼举办的各届招待宴会，以后印度总统尼赫鲁访沪的接待活动等等，父亲每次招待活动都有参加，使他了解和掌握了大型宴会的接待、服务知识，也跟着师傅们学会了随机应变、现抓现挂的能耐，见识就是本事。回了北京，再大的阵仗他也没怵过，出了问题，别人慌得六神无主的时候，他都能化险为夷；第三个，由于上海的很多达人、闻人选择了留在大陆，所以当时有很多的宅门儿外会，出外会费力不讨好，碰上难说话的主儿、挑剔会吃的主儿，保不齐还得落埋怨，厨师们大多不愿意伺候局。借这机会，父亲经常主动揽过来，外出操办，到最后更是独当一面，这就使他积累了服务特殊顾客、安排小型宴会的经验。进了北京，在华北局服务李雪峰等领导，八十年代服务班禅大师都是这些外会长的经验。等我从事了厨师这个行业后，父亲就总对我说：要看过、见过、经过，要多长见识、开阔眼界，眼界宽了，格局才能大。我一直觉得，正是老人家在上海的这几年闯荡，让他有了不同的见识，跳出了"养家糊口"做个厨子的小意识，而开始专注于烹饪之道，向着厨师的方向前行。

第二节　成名

1956 年，中国共产党"八大"召开在即，当时的北京综合接待、服务能力较弱（1949 年时，北京大、中型饭店、饭庄、饭馆不超过 50 家，解放后提倡艰苦朴素，生意萧条而歇业的更多）。为了让与会代表在开会期间有一个较好的生活条件，周恩来总理亲自指示，时任国务院副总理兼秘书长的习仲勋主持，从全国各地集中选调大量服务业从业工作者进京，这就是后来有名的"1956 年'八大'厨师进京"。父亲当时被上海市作为业务骨干推举进京，一同北上的还有后来同为国宝级大师的面点大师郭文彬老先生，两个老人一辈子几十年的交情就是在北上的火车上开始的。"八大"服务结束以后，中央动员一批厨师留在北京直接分配至各政府单位，参与后勤服务保障工作，很多人不愿丢弃原来的工作都返回了过去的岗位。比如《长沙晚报》刊过作者江异的一篇文章就提到过：1956 年中共"八大"在北京召开。这是中华人民共和国成立后召开的第一次党的全代会，也是惟一一次从湖南临时抽调十名湘菜厨师进京服务的党代会。舒桂卿、刘清溪、孔浩辉、罗国富、欧阳菊堂、王保华、曾锡定、张福生、张金尧等

湘菜厨师到了北京后，被安排分了班组，插在北京、山东的厨师中间。他们大约是 1956 年的七、八月份就进京了，散了会后，还给他们做工作，动员他们留在北京"搞长的"，但湖南来的厨师只有孔浩辉同意留下来，其他人都说"不服水土"，次年元旦过后先后回了长沙。

父亲选择了服从组织分配，被安排在当时的西郊宾馆（此西郊宾馆不是今天位于五道口的西郊宾馆）担任主厨。始建于 1954 年的西郊宾馆是一个不为人知的宾馆，最早是政务院（国务院）外事招待所，1955 年 6 月，国管局根据习仲勋秘书长传达周恩来总理的指示，制定《国务院机关事务管理局所属各饭店、首都汽车公司及礼堂移交北京市人民委员会的方案》，将国管局饭店经营管理处及所属各饭店按照原机构、原人员、原任务、原建筑、原财产的原则，移交北京市福利事业局，西郊宾馆就在此次移交的 6 个宾馆之列。1957 年，宾馆被撤销，移交给筹备恢复中共中央华北局工作的机构作为办公使用，父亲一直在这里工作到 1961 年。从建成到裁撤不到三年的时间，又一直是政府的招待所，所以社会上对西郊宾馆知之甚少。它在短暂的接待生涯上经历过一件中国历史上非同小可的大事——1956 年，来自全国 23 个科研单位、787 位国内顶尖的知名科学家聚集在这里。在周恩来总理的直接领导下，研究制订了我国"十二年科学远景发展规划"，是新中国科学技术的起源地之一，中科院计算技术研究所筹备委员会就是在这里宣布成立的。父亲来到这里当主厨的时候，大会刚刚结束不久，负责具体工作的代表及苏联专家们仍然住在这里。这批特殊"客人"的共性是：年龄偏大，高级知识分子、工程师多，考虑或讨论起问题来往往连饭也顾不上吃，工作需要安静的环境。宾馆领导给后勤服务制定的要求是：随时保证都有热饭菜，随到随吃；服务人员开门、谈话、走路服务要"三轻"。那时候没有天然气，要做到随来随吃，父亲就安排四个灶火轮流一个保持旺火不封的状态，每天都安排几个快菜、细菜、容易消化和吸收的菜，还为苏联专家专门创制了西做的中餐菜肴。当时专家们的用餐标准为每天 1.5 元，社会上一个普通老百姓一个月的生活费大概是 12 元／月，所以标准是足够了。父亲就带着灶上的师傅们调配高营养的食材，让客人们够吃、不剩，还要严格检查食材质量，保证食品安全。这是他厨师生涯第一次独立带队接受政务接待工作，完成的非常圆满，受到了中、苏专家的一致认可。

1960 年 11 月，中共中央华北局恢复，1961 年的东方饭店被改为中共华北局招待所，父亲也于同期来到东方饭店担任总主厨；1973 年，东方饭店被移交给北京市政府作为招待所，依然是内部政务接待使用；1984 年，北京市与香港京泰公司合资成立北京东方饭店有限公司，并在饭店南院动工兴建新的主楼，1986 年主楼竣工营业，父亲自始至终参与了餐饮部分的筹建与服务团队的组建工作。在东方饭店，父亲一干就是 25 年，从东方饭店退下来以后，父亲还长期兼任着饭店总经理烹饪技术顾问以及市政府包括宽沟招待所在内的全部服务机构的技术顾问。老人家的职业生涯从 1956 年起可以算个分水岭——之前是在酒楼、饭庄工作，这以后开始了政府机关接待服务工作，也就是这个时候起，他的烹饪风格显露出鲜明的个人特点，"张氏鲁菜"的雏形初现端倪。

"政府招待工作与大众餐饮很不一样，餐馆酒店每天

进来的顾客千差万别，厨房师傅做的菜都是自己擅长的菜系和菜谱上的菜。而政府招待工作主要服务特定群体，服务对象相对固定，菜式既要符合个人的口味，又要有所变化，不能千篇一律，这就对厨师提出了更高的要求。"这是父亲常挂在嘴边儿上的一句话，也是他做政府接待服务工作这么多年来高度浓缩的经验之谈，是他对烹饪之道深刻的领悟。这么多年过去了，人们早已从当年的饱腹之欲发展到今天对营养、健康的追求，美食的定义在不断地被更新，张氏鲁菜的这一理念更加凸显出超前的时代感，具有了强烈的现实指导意义。

新中国成立后的历代领导人生活当中都长期保持着艰苦朴素的作风，反映到餐食上无论是日常饮馔还是招待宴会，都没有过去的奢华与排场。父亲在西郊宾馆、华北局筹建工作期间，时常去一些领导人家里帮着做几天饭，他后来多次跟我讲：大家吃的都一样，粗、细粮搭配着做，"金银卷"听着好听，就是因为白面不够使才掺的玉米面，根本没有什么特别的好食材。后来到了东方饭店，做会议餐，父亲也总说：一块、一块二、一块五三个标准，四菜一汤，难弄，没有食材，空有一身手艺也做不出来东西。这种情况一直到了八十年代初，改革开放以后才一点点好起来。

东方饭店工作期间，父亲曾经先后为除毛泽东以外的历任党和国家主席（总书记）、中央领导提供过餐饮服务，还曾应邀到人民大会堂、钓鱼台国宾馆、北戴河、宽沟招待所等地献艺，以精湛的烹饪技艺、一流的服务保障给他们留下深刻印象。不仅是服务贵宾，更见功底的是大型会议服务保障。

1967 年，"八大样板戏"进京汇演，演出安排在虎坊桥的北京工人俱乐部，由江青带后来成为文化部部长的于会泳、各剧组负责人及头牌演员一起住进东方饭店。"文革"期间炙手可热的江青是出了名的难服务的主儿，毛泽东身边的厨师程汝明就曾在《专职厨师程汝明谈江青》一文里回忆说：谁也不愿意给江青做饭，当她的专职厨师，她那个饭不好做，女同志也事多，婆婆妈妈的，谁都知道她的情况。还有样板戏的京剧演员们，既要吃好，还要保护好嗓子。这可是政治任务，作为饭店的总主厨，这个烫手的山芋，父亲是愿不愿意都得接着。他带着大班组的师傅们从冷、热菜到面点、汤粥，一道一道过，最后形成以鲁菜传统糟熘、滑炒、黄扒、奶汤烩、清汤汆为主线的中正口味烹制方案。那个时候不像今天，厨房里有很好的条件、设备，食材保存、预制、初加工都受很大限制，只能尽量缩短加工、成菜时间，给厨师的灶上手段提出很高要求，通常是采购带上车等在东华门34号，每天一个来回，90%以上都用时鲜食材，整个厨房从加工到出餐，时间不超过20分钟。忙到汇演结束，不仅演职人员交口称赞，就连江青都表示满意，饭店上下才算松了口气。父亲把那次接待当成厨师生涯的一场硬仗，在那个一切政治挂帅的年代，哪怕一根鱼刺卡了客人嗓子，都可能是灾难级的政治事件。"干活不累，心累。"父亲的一句话，我们这些没经历过的后辈

父亲在烹制菜肴

都能感受到那种紧张的气氛。

1964年、1975年、1978年，东方饭店先后接待服务了第三、四、五届全国人民代表大会的部分代表，特别是1978年第五届全国人民代表大会是粉碎"四人帮"以后首次召开的全国人大，东方饭店承接了服务来自边远地区三个不同少数民族代表的任务。少数民族代表人数不多，但是却涉及到国家民族政策，相比起其他接待任务更加非同小可。父亲向大会服务机构了解了少数民族代表的饮食风俗、生活习惯，精心设计和安排了代表团的用餐，确定了煎、烤、炸、烹与炖、蒸两套加工方案，用鲁菜的传统加工技法融入民族特色的风味口感，精心的菜谱设计与出品方案规划，得到了入住代表的高度赞扬。东方饭店接待民族代表的好做法，引起当时主管领导的高度重视，先后组织北京饭店、西苑饭店等同样承担接待任务的工作人员到东方饭店学习、取经，"张氏鲁菜"也藉此一战成名。

1987年2月，由班禅大师设立的中国藏语系高级佛学院在京组建了筹备处。这一年的4月，东方饭店接待了第六届全国人民代表大会五次会议的台湾、西藏代表团，这两个代表团既牵涉到国家统战政策又关联着国家宗教政策，都是极为特殊的接待任务。为了做好服务工作，父亲与饭店领导沟通，特地牺牲了一间客房改建为小厨房，配备了全新的厨具，专门为西藏代表团的几位宗教代表提供单独的膳食服务。他还亲自带人学习了藏族糌粑等民族食品的制作加工方法，又增添了酥油制作的菜肴，在西藏代表团内获得了很好的口碑。会议期间，班禅副委员长与阿沛·阿旺晋美副委员长均亲临饭店看望与会代表，班禅大师还出席了欢迎西藏代表团的招待宴会，对饭店的菜品非

父亲（左二）与班禅大师合影

常满意、印象深刻，欣然命笔为饭店题写了"西藏餐厅"的匾额。听了西藏代表们的介绍，他又向饭店提出了一个请求：能不能为8月份即将开课的藏语系高级佛学院的餐饮服务提供指导帮助。这可是件了不得的事情，佛学院第一批学员四十多人，包括了西藏、青海等地藏传佛教的各大传承，藏区的夏日东仁波切等佛教五明学科的大学者、专家集聚京城，是国家宗教界百年不遇的一件盛事。大师们虽然不讲究口腹之欲，但毕竟不是普通人的一日三餐，父亲亲自率领一众门人到佛学院驻地黄寺为师生们做饭。藏传佛教格鲁派僧徒饮食习俗虽不戒荤，亦尚素食，只是苦于藏区高寒，日常多以糌粑、乳品、牛羊肉为主。迫不得已的情况下，吃肉要吃"三净肉"，即：一、不见，不亲眼见为我所杀；二、不闻，不曾听说是为我所杀；三、不疑，不怀疑是专为我而杀者。但是，不能吃飞禽、鱼类、驴、马、狗肉等。考虑到这些因素，父亲制定了特殊的方案——一是厨房要干净，忌物不能进，工作人员进、出厨房要换统一的厨衣，厨衣不能带出寺外；二是食材要干净，油、面、

果品、牛羊肉全部定点采购；三是出品要干净，以素食为主，兼顾营养，保证健康。按格鲁派重大佛事活动标准惯例配备常食，油炸果、油炸馍（饼子）、蒸馍包子，冰糖、红枣、白糖、葡萄干、核桃、水果糖、梨、苹果、酥油片等食材混搭组合，每日10色供应。由于烹治的菜品精到，饮馔设置妥当，受到班禅活佛的称赞和接见，"张氏鲁菜"在业内更是声名鹊起。

　　"四十无闻，斯不足畏。脂我名车，策我名骥。千里虽遥，孰敢不至。"陶渊明写下这首《荣木》的年纪、心况差与父亲人到中年的境界、胸怀相仿佛——改革开放，人民的生活水平日益提高，物质极大的丰富，市场上各种优质食材层出不穷，父亲他们这一辈横跨了新、旧社会的老手艺人又迎来了事业的第二春。沉寂近三十年的、对厨艺孜孜不倦追求的激情一旦被点燃，焕发出的炫丽光芒夺人眼目，也为中国现代烹饪史留下浓墨重彩的一笔——"张氏鲁菜"开始走向它饱满丰盈的收获期。这一时期，父亲开始精研厨艺、创新菜品。油爆双脆、扒大乌参、芙蓉鸡片、虾子烧鱼肚、烩两鸡丝、炸象眼鸽蛋、糟熘鱼片等鲁菜传统技法的代表菜走向炉火纯青，鸳鸯菜花、鸡茸鲜蚕豆、板栗红枣焖鹿肉、枸杞菊花虾仁、五彩鱼丝、两吃大虾、滑炒龙虾球、棒棒蟹虾等一批后来成为"张氏鲁菜"经典代表的菜也都集中创制出来。以"棒棒蟹虾"这道菜为例，它是南菜走俏京城的时候，东方饭店为增添淮扬菜供应，特地安排父亲组织店内厨师南下扬州引进新菜品时的创制。扬州菜刀工讲究、咸鲜微甜，给父亲留下深刻印象，其中一品"葫芦蟹虾"，鲜美可口。父亲借鉴过来加以改进，使之更适合北方人的口味：用鲜蟹蒸后取肉炒熟，鲜虾从背部去脊线划开，带虾尾洗净入味，将蟹肉酿进虾脊划开处，外用干面蛋清液浸过，沾上面包渣入油炸制，口感外焦里嫩，颜色金黄诱人，遂成"张氏鲁菜"广受欢迎的一道创新菜。

父亲常对我说：他们是解放前最后一批按老规矩学徒、出师的厨师，如果再晚些时候，等他们这批人干不动了，很多中国传统的烹饪文化，现在的人连见都没见过，更甭提传承了。因为有了这份责任感与使命感，成名之后的父亲迫切地想将一身能耐传给更多的后辈厨师，让变幻万千的中国烹饪通过自己的努力在后人手中得到延续、光大。

第三节　创门

"浑浑长源，郁郁洪柯。群川载导，众条载罗。""张氏鲁菜"自 1984 年首徒入门起，至 2015 年父亲闭门止，二代门徒 26 位，三代弟子 132 位，四代弟子 12 位。创门至今，四世同堂，如果再加上行业内未拜师但执师礼，未入门但问过艺的同仁，也勉强可以算得上是"郁郁洪柯"了。

1982 年，宣武区烹饪协会成立，这是北京解放以后首个厨师行业自己的民间协会组织，父亲以当时东方饭店总主厨的身份成为第一批会员。也就是在这次成立大会上，父亲结识了丰泽园鲁菜泰斗王义均老先生，两人身世、经历仿佛，同为鲁菜师傅，按王老的玩笑话讲：共同服务过同一个老板——指北京丰泽园与上海国际饭店丰泽楼实为

同一字号。因此，二老一见如故，形同莫逆，再加上现在已经过世的郭文彬老先生，三人从八十年代开始，几乎形影不离，在行业内成了有名的"铁三角"。他们三位，也成为"张氏鲁菜"一门修艺、人生的领路人。不仅如此，后来被评为国宝级烹饪大师的十几位老先生都曾经指点过张门弟子的手艺，可以说"张氏鲁菜"是在父亲手里创的，但是却凝聚着众多烹饪界老前辈的智慧，他们是张门弟子没叩过头的师傅，也是我们终生需要学习的榜样。

上世纪七十年代起，东方饭店通过招工，陆续引入了一批年青的有生力量，这批年青人大都来自社会或学校，没有从厨的经历，开蒙的工作自然责无旁贷地落在了担当总主厨的父亲身上。刘德美、申文清就是从这个时候起陆续进入师门，成了"张氏鲁菜"开门的首徒。在那个时代，师徒没有私相授收的关系，都是通过组织安排、上级布置的工作关系，但是既为师徒，又是同事，长年的朝夕相处、默契配合，父亲精湛的厨艺、严谨的工作作风以及无微不至的生活关怀都深深地影响和感召着他们，虽然没有磕头拜师，两位弟子早已自觉的心入师门，父亲也把他们与后来磕头进门的徒弟一视同仁，别无二样。他们两位配合父亲完成了饭店新楼鲁菜餐厅、川菜餐厅的组建工作，后来又分别担任了两个餐厅的厨师长。此后二十多年，他们一直跟在父亲左右，既学艺，也帮着父亲带后进门的弟子，1987年，刘德美被评选为"北京市优秀厨师"，1988年申文清捧得了北京第一届烹饪大赛的"京龙杯"。张氏一门自此而立。

1984年，受宣武区烹饪协会、宣武区饮食公司聘请，父亲担任了"烹饪班第一期冷菜热菜班"的培训工作，这年 12 月 1 日，培训班结业，父亲带出了第一批未记名、未入门的学生，也开启了自己带徒育人的为"师"生涯。

王义钧老先生的高足、国家高级烹饪技师、中国十佳烹饪大师李启贵老师在回忆起父亲时说：那个时候（上世纪八十年代中、后期），每周两次，我和张老一起到市政府下属各个服务机构去给厨师们讲课，张老每次都认真备课，

宣武区烹饪班第一期

讲的时候，把每一道菜加工烹制的每一个环节都清楚地勾画出来，他讲的时候，我就在旁边听着，真的是受益匪浅，听完他的课，要说你没学到东西，那只能说你功力不够、悟性不到。我在与日本餐饮界交流时，一道创新的"芙蓉鲍片"让他们举座折服，就是受益于张老点化的"芙蓉鸡片"这道菜。

1990 年，共青团中央、劳动部、全国总工会、机械电子工业部、纺织工业部、建设部、商业部联合发出通知，决定举办首届全国青工技术大赛。举办这次大赛的目的是为了进一步激发广大青工立足本岗位钻研技术、争做贡献、立志成才的热情。大赛共设烹调等九个工种，全国

有 4000 多万青年参加了技术练兵比武活动。李瑞环、倪志福亲临北京赛场视察。10 月 20 日，七个主办单位在北京人民大会堂隆重召开总结表彰大会，这次大赛规模之大，参赛人数之多，是新中国成立以来的第一次。就是这次大赛期间，父亲被北京市团委、市总工会、市劳动局、市商委联合评选为优秀教练员，以表彰他做出的突出贡献。父亲说过：年轻人就要趁着年轻钻研技术，把基本功练扎实，不要想着走捷径、投机取巧，一个厨师，做菜就是本分，菜做不好，走到哪儿也立不住。当年听过他这句话的学生们，如今很多都已经成为行业里的中坚力量，我相信，他们只要拿起炒勺、站上灶台，一定不会忘记这句话带来的益处。

1993 年，父亲退而不休，被北京市饮食服务修理行业协会聘为培训中心烹饪专业老师。从上世纪八十年代初开始的十余年期间，他还受市政府委托，承担着许多政府招待所、会议中心的培训任务，如北京会议中心、万寿庄宾馆、民政培训中心、北京市宽沟招待所等。那段日子里，我们都感到父亲比工作时更忙了，每天都辗转于各个饭店、宾馆的厨房，手把手的带学生，很多同门师弟都是这期间开

父亲在烹饪教学中示范刀工

始跟从他学习厨艺的。那时候我们都劝他别太辛苦了，他却不当回事儿——一辈子就是这么过来的，操劳惯了的人，闲不住。

教学的同时，父亲还勤于交流——这不同于工作时的那种业务交流（事实上，直到1982年前后，父亲作为市政府接待服务的管理人员，因为涉及保密工作，很少与社会同行儿沟通），而是一个老手艺人担心赶不上时代、适应不了新的形势，痴于技、执于业的积极交流。几次我有机会出差去广州、香港学习，父亲都反复叮咛、嘱咐我从那边寄烹饪杂志回来，那时候北京已经被粤菜攻城掠地，他希望能了解最前沿的信息与技术，再与自己的传统手艺相互印证，以找到原因。1998年初，北京中国饮食文化研究会京华名厨联谊会正式成立，64位代表当时北京烹饪界最高水平的名厨、大师汇聚一堂，为中餐烹饪的繁荣、发展献计献策，为弘扬京华饮食文化积极贡献力量，父亲忝列其中。联谊会给他的评价是：凭着见多识广的阅历和丰富的实践经验，形成了深厚的烹饪功底，他精通鲁味菜肴的烹制技艺，并在继承传统的基础上，结合自己的实践经验，进行了富有成效的改进和创新，对丰富鲁菜的技艺、突出鲁味菜肴的鲜、香、脆、嫩的特色方面作出了贡献。这一刻，父亲通过多年的努力与精研，让"张氏鲁菜"第一次站到了中国烹饪界顶尖的水平、层次上。

2002年，北京烹饪协会授予十六位在京厨师"国宝级烹饪大师"称号，这一称号的评定标准为：年龄70岁以上，从事烹饪工作50年以上，厨艺精湛，德高望重，在某一菜系有卓越贡献，桃李满天下的优秀厨师。十六位开宗列派的老先生，十六位烹饪水平已臻化境的老工匠，

十六位没受过多少文化教育，凭着手里的刀把子、勺把子把人之饮食大欲幻化成烹饪美学的老艺术家，"国宝"二字，受之无愧。成为十六位"国宝级烹饪大师"，代表了父亲一生从厨的巅峰荣誉，也代表着"张氏鲁菜"在竞争激烈的餐饮行业能够被认可的实力。

名声响了，招牌大了，自然就有不少人想着入门，能够托庇于"张氏鲁菜"这株大树下好乘凉。父亲不管这么多，他收徒开始变得越来越谨慎，既看人家的资质、品性，也掂掇着自己有没有精力、能力去教人家。师门26位二代弟子，经父亲手开蒙的不多，大部分都是有了一定根基入的门，这里面既有鲁菜底子投师的，也有从别的菜系开蒙后转投师门学习鲁菜的。一旦进了师门，父亲还是要大家练基本功，很多人不理解——拜了师，为是能够学到手艺、绝活儿，能够得到指教与点化，基本功，那是开蒙师傅教的事儿。慢慢的，大家开始领略到他老人家的苦心——鲁菜里有很多的火候菜，所谓火候菜，要的是时间，不光是菜在勺里的时间，主、辅料入勺的时间、相隔的时间，调、配料入勺的时间，颠勺的时间，出勺的时间，每一个时间都是间不容发，长固不行，短亦不可，配合这时间的是置料的形状、取料的分量、入料的方位，你有一个短暂的犹豫或重复，这道菜就算毁了，"好菜怕找补"，一气呵成菜就定型了——这一切，没有熟练的基本功顶着，做一次折一次，练到眼有准儿、手有准儿，最后是心有准儿，才能把菜做好。

等到基本功有了他认可的根底，父亲会开始传一些见功夫的菜，这时候讲的就全是关键点了，一道菜，选材标准，主、辅料的配伍比例，定型尺寸，上火、入勺的节奏，出勺摆盘，都给你定出量化规矩，听明白了自然就记住了，听不明白，再告诉你为什么，这些个关键都是老人一辈子做厨师的心得与经验，有自己揣摩出来的，有从别人那里学来的，可以说是他们那一代鲁菜师傅的智慧结晶。讲给你，看你能明白到什么程度，他就能衡量出你的悟性在哪儿，做厨师的火候儿到了哪儿，这就是父亲对徒弟们的因材施教法。时至今日，师门弟子们都实实在在感受到当初学艺时师傅近乎苛刻的量化要求带来的好处，这些量化标准无论是针对食材比例的、调味配比的，还是刀工、勺工的，都有力地保证了菜品烹制的成功率。

2015 年，86 岁高龄的父亲和王义均老先生两人约好，不再收徒。老哥俩儿几十年的友谊，心意相通——体力、精力都达不到了，再收徒就是误人子弟。封门以后，虽说不再带徒弟，但父亲是个闲不住的性子。二代弟子们大都已经事业有成了，来到家里看师父，他还当人家是从前学徒一样，考问两道菜，嘱咐两句做人、做菜的道理；三代弟子们来看师爷，他不管人家师傅是谁，听着玩艺儿不对，照样急火火的纠正，过后儿还要打电话过去追问改过来没有。一来二去，师门弟子都知道，他眼里、心里只有菜，特别是近些年身体不好以后，有时候来看他的弟子人对不上号儿了，菜可错不了，谁的菜进步了，谁的菜有什么弱点，他都能记得一清二楚。

"张氏鲁菜"创门四十余年，倾注了父亲为厨七十载（多一半行业生涯）的心血。他老人家早年走南闯北，求学问艺，中年开门纳徒，广种桃李，晚年仍身体力行，躬耕不辍，为我们师门，也为中国烹饪留下丰厚的经验与精绝的技艺。张氏一门始于他，也必将从他手中走向更为精彩的明天。

承 [5]

第五章 ｜ 承

承

　　著名国学大师王国维先生在《人间词话》中说："古今之成大事业、大学问者，必经过三种之境界：'昨夜西风凋碧树，独上高楼，望尽天涯路'。此第一境也。'衣带渐宽终不悔，为伊消得人憔悴'。此第二境也。'众里寻他千百度，蓦然回首，那人却在灯火阑珊处'。此第三境也。"回忆我自己入行儿修艺 33 年的切身经历，对这段话领悟日深，备感贴切。如果说"张氏鲁菜"从父亲手里创门到他老人家把手艺传下来算做"启"，那我们这些后辈把手艺学下来则可以称得上"承"。要做得到"承"，不光是学会几道菜、开出几套宴会单子那么简单。一个厨师能够做到"国宝级"，被别人称为"烹饪大师"，开宗立派，是其人生准则、执业道德、修艺经验、技艺标准、同业人望集大成的综合实力体现。学生弟子要想望其项背，

甚或有所超越，就必须做到全面的"承"，在学的同时要悟，在接的同时要扬，要经历过这三个境界，将所学、所悟、所得化于艺中、立于业内，方可成"承"。

第一节 昨夜西风凋碧树，独上高楼，望尽天涯路

成大事业者，首先要有执着的追求，登高望远，眺望前程，明确目标、方向。此意做事无有大小，必先有登高望远的心胸与格局，必先对你做事的方法与方向有一定的自觉与自悟。但是知易行难，我从一个懵懂少年走到天命之年，对自己一生从事的事业曾经三次产生过犹豫与彷徨，庆幸的是靠着毅力坚持下来。

1982年，北京市政府利用当时的怀柔水库仓库改建、设立了宽沟招待所，为了充实技术力量，1983年10月，所里要招收一批新员工，父亲当

时担任着北京市政府所属各接待宾馆的技术总顾问，点了我的名——宝庭去吧。老人家4个子女，我最小，那年18岁，一心想着去当空军飞行员，站在灶台前从来不是我的理想，可是招工指标都已经下来了，为了不让父亲为难操心，我还是去报了到。后来渐渐的明白了，老人是要栽培我，让我传承他的手艺，带我入行儿。这话他从来也没挑明了说过，大概也是有要试试我的心，看我能不能坚持下来，是

不是那材料。

走到今天，我自己也有了些小小的成绩，对老人当年的心情看的更清楚了：20世纪80年代初那会儿，北京已经有了第一个民营个体餐饮店——"悦宾"饭馆，社会上一些饭庄、酒店餐厅也开始商业化，对厨师的需求很大，开的工资也比单位里高很多，这对别人或许是好事儿，但"张氏鲁菜"不一样，它不是长在社会馆子里的东西——它不张扬、没噱头、少刺激，这些都是不被社会馆子看好的。话又说回来，教出来的徒弟想凭手艺在社会上挣钱也没什么不对，你不能拦着人家，可徒弟一个个都出去了，势必影响政府接待服务工作的水平。既然不能要求徒弟们都耐住寂寞，把自己的儿子带起来守住接待服务工作，也是对自己的这份心有了个交待。

宽沟招待所刚组建的时候，条件非常简陋，仅有两排平房，我们这些人又基本上都是新手儿，父亲和当时负责筹建的市政府副秘书长杨登彦老先生两个人三天两头儿的往这儿跑，既抓基建又培训服务接待工作。上世纪八十年代初，刚刚经历了"文革"，百废待兴，餐饮服务工作尤其是重灾区，许多年青的厨师不要说技术，像样的灶台都没站过，什么"分档取料"、"一材多用"根本不懂，很多接待服务的事儿更是连听都没听过、见都没见过，父亲亲自上手，一点一滴帮助招待所建立起厨务服务功能。我至今还清楚地记得有一次杨老到宽沟招待所检查筹建工作时对我讲：宝庭，我只提一个要求，你们必须尽快把你父亲身上的本事学过来，招待所要尽快能够独立完成接待和服务工作。我那时候年轻，对接待工作的重要性、服务的责任心什么的全然不了解，只是有一股不服输的劲儿，就

是年轻人的朝气，咬着牙练基本功——和其他行业一样，厨师这行儿入门也是先从基本功练起，学手艺，不是一天半天儿的事，学管理，更不是一蹴而就的。那会儿一到冬天，接待任务少些了，所里就把我们派出去学习，先是去京兆饭店、东方饭店这些市政府的接待宾馆学习、开蒙，后来就是出去交流、开眼界，所里还特地把我派到广州（当时粤菜在京已经开始流行）学习先进的服务方法和烹饪技艺。父亲在这个时候从不和我多说，也从来不给我"开小灶"单独指点，只是年节的时候，一家人团圆，他会喊我炒两个菜，或是他掂勺的时候把我叫边儿上看。用他后来的话说：不是不教，是教了没用，基本功都还没扎牢，翻砂子、切报纸都刚上手，你跟他说火候、讲识材，他都没上过手，明白不了。这样用了差不多三年的时间，我们的基本功算是能够勉强应付了。

入了行儿三十多年，回忆起初到宽沟的这段岁月，是我第一次对职业选择产生犹豫的时候，单调的厨房工作曾让我觉得前途渺茫，但让我深感庆幸的是没有在日复一日磨炼基本功的枯燥过程中放弃，没有在守着"宝山"不得玉的委屈中迷失，我也逐渐清晰地认识到父亲的从厨经验，对我的苦心孤诣。对于当时还没学会"走"的我，如果接触到他那登峰造极的手艺，非"走火入魔"不可，心里长了草，荒废了基本功，这行儿也就算干到头了。

说是经过三年磨一剑，技艺小成，可以独当一面，毕竟没见过硬阵仗，真要有了重要的接待任务或是国家级领导人来了，我们还是手底下嫌嫩，父亲也还是放心不下，不光自己，有时候还请上国宝级鲁菜泰斗王义均老先生和国宝级面点大师郭文彬老先生或是其他菜系的大师一同助阵。每逢这时候，我总是很高兴——平时请都请不来，这一来，顺势就能学不少能耐。工作的时候，几位老先生都很认真，你做的东西，他没功夫儿给你评，欠点儿什么一捎带手儿就给你找补上了；他做的东西，也没时间给你讲，行云流水，没等看明白，菜都传上去了。我也有我的招儿，等菜都上差不多了，厨房的工作忙乎完了，老哥儿几个总要喝两口儿解解乏，这时候机会就来了，拿出提前预备的好酒，然后再整治几个你想请教的菜，往桌上一端，这就算齐啦——都说父亲的嘴尝菜厉害。能当上国宝级大师的主儿没一个嘴上不厉害的，人家筷子一伸，你就在旁边看着，菜一送到嘴里，看脸色就知道做的有没有毛病，或是火候、或是味道、或是口感、或是颜色，一条条明明白白的都给你分析到了，一句两句，顶上你摸黑琢磨一年的，就这么着，烹饪功夫一点点长起来了。1987 年 6 月 15 日，时任国家人大委员长的彭真同志来到宽沟招待所，我第一次带着厨房的同事们独立承担了国家级领导人的接待，从凉菜、热菜到面点，领导非常满意，事后，所里专门奖励

三位老人带我走上修艺之路（左一郭文彬、中为父亲张文海、右一王义均）

厨房全体员工150元钱。凭着自己的技术完整的服务了一餐饭下来，而且整个过程十分圆满，到这儿，我这心里才算是踏实下来，知道祖师爷赏下的这碗饭是能吃上了。刚有了一点点小成就，就感觉可以靠着手艺走遍天下了，这也是年轻人心里定力差的"通病"，仗着一身本领，像父亲当年一样走南闯北做番事业，在行儿里叫得响，是我的向往。

上世纪八十年代末的时候，很多人都讲究"下海"当"倒儿爷"，干个体户发财，和我年纪相仿的很多朋友也都不安分于在单位上班，也有不少人来劝我：干厨师没出息，不如转行儿。那个时候，我有了第二次犹豫，年轻人固有的激情与冲动灼烧着思想，想干一番大事业。这次的坚持说来惭愧，凭的就是一念之差，烹饪大师牛金生老师对我说过一句俗话：老猫房上睡，一辈传一辈。父亲把我安排到厨师这个岗位上来，他老人家又有一身好能耐，我

与牛金生大师合影

要不学下来、传下去，至少当不得个"孝"字。比起许多干了这行儿的厨师，我算是幸运的——站在国宝级大师的

肩膀上做事业，起点、眼界都有得天独厚的优势，觉得无论如何应当真正从父亲手里接过接待服务工作的接力棒。

自从 1987 年我和同事们一起能够独立完成接待服务任务以后，除了市政府领导特别点名，父亲和几位大师减少了过来帮忙的频率。即使过来，宴会单子、菜肴出品也都是以我们为主，他们基本上是站在后边指点。就这样，我在宽沟招待所一干十年，在北京市政府市长餐厅担任总厨七年，之后到中直机关从事部委膳食管理工作十六年，我从入行儿到今天虽然换了三个单位，但是干的是一件事情——政府服务与接待。如果从父亲 1956 年进京服务"八大"算起，我们"张氏鲁菜"在公务服务与接待这个领域里父子相衔已经六十个年头了，我虽然没有做过统计，也还是敢说在厨师这个行业里这样的情况是绝无仅有的。1988 年以后，宽沟招待所进入接待高峰期，虽然硬件条件很简陋，但很多领导都对招待所有很深的感情。当时的市政府副秘书长杨登彦老先生回忆说：在饮食上的满意是个很重要的因素，领导们都讲，到了宽沟有到家的感觉，可以放松神经，饮食上不同于正式宴会，在这里可以商量着吃、调节着吃、随意着吃，吃得舒服。这期间，我已经通过努力的工作，得到了市政府和招待所领导的认可，担任了招待所餐饮部的副经理，接待过党和国家的领导人，也接待过社会各届名流，市里经常邀请全国各地的名厨到招待所交流地方菜制作技艺，每位大师都会留下地方上两、三道代表菜给我们。

一时间，我的厨艺有了较快的提高，管理能力也通过实战得到了锻炼，自信心的增强也带来了不安分的想法。特别是上世纪九十年代后期和 2005 年前后这十年，很多

师兄弟都开始走向社会，凭手艺、能力闯出了不错的成绩，也有香港的企业家劝说我从政府出来单立门户——凭着父亲的名气和我自己的经历，肯定会有不错的效益。这时候，我已经到了市政府市长餐厅工作，经历了人生的第三次犹豫，可是父亲和王义均、郭文彬老先生，还有杨登彦、王文桥几个看着我成长起来的老先生，都不约而同地劝我在自己的岗位上坚持下来。不仅如此，几位前辈还不断地给我以鼓励：

　　——杨登彦老先生嘱咐我说：服务接待工作很单调、很平凡，但贵在坚持，常年做好一件事更不容易。做个好厨师，有很多人一生做不到。只要努力，几年

杨登彦老与我合影

可以学下一个博士，但厨师不一定谁都能学的出来。

　　——王文桥老先生很器重和提携我这个后辈，2010 年冬天，老人特意为我题词"烹坛少帅"。这个名誉实是谬赞，我着实担不起，但老人对我寄托的希望却是温暖我坚持下来的动力。

王文桥老为我题字

　　——王义均老先生在每次年节我去他家里拜望的时候，都千叮咛、万嘱咐，叫我一定把父亲的东西传下来，为了鼓励我，老人家亲笔为我写下：希望宝庭能传承张老

王义均老嘱我子承父业

哥的手艺，带着师兄弟们把张家门儿的东西传下去。

这些厚望与错爱让我逐渐坚定下来，从父亲和这些老先生身上我也深刻地品味出：传统的手艺要想传承下来，那份执着与坚守的重要性——父亲从厨七十余载，政府接待一千五十年；王义均老先生从厨也是近七十年，从入行儿到退休一直在丰泽园工作。只有这样的坚守，耐得住寂寞、抵得住诱惑，才能做到他们技艺炉火纯青的境界。传统的传承不是挂在嘴边的一句口号，而应该体现在实际工作中的牺牲与奉献上。正是他们几十年如一日的坚守，才换得中华鲁菜文化传统原汁原味的保留到今天，给我们这些做厨师的后辈传下一生受用不尽的技艺和财富。今天，我们以正当年的好时候接下这个财富，就要穷尽一生把它守候好，把它发扬光大，让我们的徒弟、我们的后辈，让张家门儿的第三代、第四代弟子都能够分享这笔财富。现在，我总说：干我们这行儿，某种程度上说就不能有野心。有野心，你就不会安于三尺灶台；有野心，你就不会勤于钻研；有野心，你就会为了各种理由放弃对传统的坚守、对传承的责任。

一个人到了心真正"定"住了，才可以算成熟了，经历了三次思想上的波动，一次比一次更接近那真正的人生理想与追求。"昨夜西风凋碧树，独上高楼，望尽天涯路"，人生天地五十年，我自觉已经领悟了这第一重境界，也看准了自己的人生目标与方向——一生做好一件事，把"张氏鲁菜"的精华与精髓继承下来，传承下去，让更多的人认识"张氏鲁菜"，受惠于"张氏鲁菜"。

第二节　衣带渐宽终不悔，为伊消得人憔悴

成大事业者，成功不是随便可得，必须坚定不移，经过辛勤劳动，废寝忘食，孜孜以求，直至人瘦带宽也不后悔。此意方向坚定、目标明确后，尚需经大付出、大辛苦，勉力而为，或可业有小成。做到这一步，人生没有捷径，在我只有两个字：积累。不停的积累，不断的叠加，通过学习、实践，通过切磋、锻炼，一直前行。

厨师这个行业讲传承，首先要传承的还是技艺。"张氏鲁菜"能够立门，还偏偏立在技艺最难的鲁菜系里，这份功夫实在是有很多可以流传下来的绝活儿、窍门儿、秘诀。但也正因为如此，决定了门人要想秉承前辈、继往开来、干出成绩，要比别的菜系付出更多的辛勤和汗水。困扰着大家的说穿了就是两个字："慢"和"苦"。

受到工作性质一定程度涉密的影响，很多人一直对"张氏鲁菜"很陌生，这种陌生导致了两种极端的现象——一种人感到神秘，抱着好奇的心态想当然，认为我们使用着市场买不到的各种高档特供食材，得以加工出民间无法想

像的珍馐美味；另一种人则从内心轻视，认为没有经过社会餐饮市场竞争逐杀的菜经不起考验，徒有虚名。实际上，这份工作（包括中直机关其他服务机构的同行儿们）既不玄奥，也不简单。"慢"是鲁菜的特点和我们工作性质双重因素决定的，鲁菜技法繁多，烹饪技巧掌握起来自然要慢；服务接待要精细、严谨，每道菜的掌握都要反复磨炼，出成绩自然也就慢。

"张氏鲁菜"创门在政府接待机构，二代传人大部分也都在政府机构中服务或曾经服务过。因此，比较起社会上厨师行业来，门儿里面的人除了和大家一样传承上一辈的手艺以外，还要额外承接服务标准与接待规矩的传统沿袭。干接待工作，灶上的活儿路必须得杂，除了本门的鲁菜底子要扎实以外，各方菜也都要有所涉猎，不仅是略知皮毛，一些代表性菜肴要能够表里兼得；一桌接待宴交待下来，先要根据客人特点设计菜式、出单子，然后是甄别食材、量材加工，因人排菜，对口施味，这就要求门里人必须多知多会。这样一来，同是学一门厨师手艺，"张氏鲁菜"的弟子比起其他菜系的厨师至少要多学个三五年，才堪大用。学徒时间长，出师慢，能独当一面更慢，畏难却步者，在师门里是很难生存下去的。就我个人而言，不断地在这个行业里探寻，从老一辈手里接过传统，从新时代沃土里汲取养分，既是我职业操守的原则，也是我执着于爱好的本分。聊菜，已经成为我生活中的习惯；做菜，更成了我不断精研技艺的实践，我乐此不疲。

问学的"慢"我耐住了，但是出成绩的"慢"，我却一度没耐住。功底练扎实了，架子扎住了，就对传下来的东西有了想法，总琢磨着去改它、动它，把自己的想法放

2006 年参加中直机关首批中式烹调高级技师培训班合影

进去。也不是哪儿都不对，就是觉得食材宽泛了、技法也
繁杂了，人的生活条件、口味、饮食观念也都进步了，古
法有很多东西随着时间推移，现在看起来也有一些不合理、
不健康的地方，需要斟酌、推敲。比如说，一些新出现的
复合型调味料，降低了过去手工调汁儿的难度；打碎机械
的出现，简化了过去手工打泥子的工作量，那么过去一些
加工繁复的菜是不是从选料上就可以更宽泛了，食材应用
的标准是不是可以放宽了。此外，随着人们健康饮食理念
的提高，一些糟熘类的菜因糖度较高是不是可以淡出宴席，
一些油性过大、脂肪含量过高的油烹类的菜式是不是可以
用些代用食材；随着人们生活节奏的加快，是否需要迎合
潮流安排一些刺激味觉的出品，是否把一些传统味型的菜
向流行味型上靠一靠。这时候，传承与创新的矛盾就开始
显出来了，父子间对厨艺的理解矛盾、看法分歧也出来了，
我也清楚，这个躲不开：从父亲的眼里看来，你对传统的
东西，对几百年传下来的手艺根本还没有搞明白，没有参

透，就看着老玩艺儿不顺眼，创新也是瞎干，改也是瞎改。他对你的东西根本不入眼，能说到一起去吗？所以一段时间总较劲，日子长了，回头再看，我也感到了过去的急功近利，太急于寻求突破，急于品尝成功的快乐，而缺少对传统技艺的深刻领会与理解，片面地想着改造与抛弃，这样的创新没有根基，自然也就没有生命力。

　　一个做中餐、做鲁菜的厨师，要创新、改动鲁菜，就必须得遵循它的内在逻辑，这个逻辑包括食材的配伍关系，菜品与自然时令的关系，客人适口与地理环境的关系，食材与加工方法的关系，所有这些没弄明白，违悖了逻辑的创新只能是哗众取宠、昙花一现。比如一道"爆炒腰花"传统配料只有冬笋片和木耳，用以提鲜解腻，现在有加进青、红椒替代冬笋片的，也有加入郫县豆瓣以辣调味的，要么是重调色型而忽略了鲜口儿，治一经损一经，要么是以辣盖腰臊，试图一味遮百丑，都是不合逻辑关系的改动。一旦有勇气"慢"下来，你才会专心于在"知其然"后再追问"所以然"，知道了"所以然"，你才能循着理去尝试做出符合逻辑的调整。比如现代人讲究动物保护，可以用金针菜（黄花菜）取代传统鱼翅，做出素鱼翅，依然能够保持原有味型；再比如传统鲁菜酥鲫鱼，古制法虽然也要加入冰糖，但主要倾向于考虑成菜的色泽亮度，而焖制成的鲫鱼回口依然会微苦，添龙眼为配料，二者借味。成菜初味咸鲜、回口微甘；二来龙眼有健脾、升阳的作用，药借食力、食借药威，相得益彰；三来龙眼似珠，点缀鱼中，不毁其形，反增神韵，自成"龙眼酥鲫鱼"改良传统菜。等你"慢"下来，稳住神，父亲的思想还是很开明的，尤其是在做菜上，他以近九十岁高寿依然了无成见，否则

张氏鲁菜也不能够自成一格，看着我也在一线摸爬滚打了这么长时间，一来可能他也觉得火候到了，二来可能也是我的东西也成了，也有一定道理了，老人不再单纯的不置可否，反过来开始跟你切磋、印证。到了这个层次，我的获益就大了：他浓缩了一辈子的经验与精华和我这三十多年的实践碰到一起，让我隐隐感到有层窗户纸在一点点捅破，深耕细播的种子已经要破土而出。

"继承但不循古，创新而不弃旧。"这话已经成为我职业生涯本能的信条。今天，我自己也收了徒弟，开始为人师，我告诉徒弟们，不要贪快，时间给你的东西，别人也要用同样的经历才能拥有，"慢"不单是技艺精进的必由过程，更是一种境界。

"苦"白不必说，哪个菜系要想炼到炉火纯青都必须下一番苦功，而我们"张氏鲁菜"还要额外守得一份不出名、不图利的清苦。说到吃苦，父亲常常给我讲一段往事：他在上海学手艺的时候，刚刚站灶攥上勺把子不久，有一次正交饭口上，他的饭菜押在后边，看到给师傅、掌头灶的王殿臣老先生料青儿的伙计跟不上趟儿，就主动过去帮忙，一道配料错了，他拿过来改刀，正这功夫，师傅伸手要料，一看上不来，着了急，一勺底热油泼到父亲后背上，疼得他直蹑蹦儿，咬牙也得把刀改完，还不敢跟师傅解释。闲下来，王殿臣老先生搞明白了，抹不下脸来给徒弟认错，说了两道看家菜给他，算是还了礼。年下回到家，父亲把这事儿告诉了母亲，母亲嘴上没说什么，按惯例每年她都会给和父亲搭伙的厨师们做双鞋带上算个心意，这年带的鞋，没有王师傅的。新社会，师傅不兴打、骂徒弟了，很多学徒的也因此减了这份吃苦的心与压力。

中国有句俗话："老阴阳，少厨子。"厨师工作本身是一种强度较大的劳动，要成为一名合格的厨师，从身体素质上讲，首先要有健康的体质。厨师的工作很辛苦，无论是加工切配，还是临灶烹调，都需要付出很大的体力，没有健康的体质是承受不了的。再者，厨师还要具有较强的耐受力。厨师工作与普通工作不同，要经受炉前高温、油烟熏烤等等。第三，厨师还要反应敏捷，精力充沛，厨房工作一旦开始，就呈现出高度紧张的状态，特别是业务量大的时候，配菜合料、烹调颠勺，赶上有些菜需要急火烹制，往往要求在很短的时间内完成一系列的操作程序，这就要求厨师具有敏捷的思维、熟练的动作和充沛的精力。没做好吃苦的准备，甭想学出手艺。更加难能的是，厨师是个熟练性的行业，一些厨师有了名气、收了徒弟，就不愿守在灶台边上，时候长了，手艺自然生疏，撂荒了再想捡回来，还得费一番力气。因此，张氏门里，从父亲开始留下一条不成文的规矩，不管做到什么位置，只要进厨房，就必须穿上厨衣，再忙，也要抽时间上灶颠勺找手感。他常说一句话：咱们当厨师的手艺不能丢，离开手艺，什么都不是。都说"曲不离口，拳不离手"，对厨师来说，就要做到"人不离灶"。

厨师，就是一个无止境的行业，永远有新的东西冒出来，你要盯住潮流；永远有新的工具和技法创出来，你要掌握前沿；永远有老的传统在濒于失传，你要坚持改良。老辈厨师留下句话：干到老，学到老，还有三分没学到。我也记得有句话讲：在该吃苦的年纪吃苦，吃苦就是赚便宜。

"慢"也好，"苦"也罢，应了电影《霸王别姬》里

的一句话：不疯魔，不成活。放在我们这行儿里，也是一样的道理，只有由爱入痴，才能成就一个手艺人。为了"承"住父亲的技艺，也"承"住"张氏鲁菜"在政务服务领域里的特色，我自认守得住寂寞，也专注于精研的"痴"。在宽沟招待所的时候，几个同门师兄弟都在一起，那时候大家比的不是穿戴、钱财，而是灶上的技术。颠勺之前，根据分配的菜定碗汁，炒完菜比谁的碗里不剩汁。师弟王卫东从厨期间曾经在香港学习过 8 年，我有一次因公到珠海出差，电话和他请教粤菜的一些技术问题，两个人聊上了瘾，由于自己当时没办法去香港，特地求他专门坐船转道澳门，再到珠海与我做彻夜长谈，并借了酒店的厨房现场操作。和我同在中直机关供职的苏永胜大师、胡桃生大师也都是我交流、借鉴、取经的同道好友。记得刚有手机的时候，有一次我正骑车回家，苏大师给我打电话说一道"翡翠山药"，为了荷兰豆到底取用成熟到什么程度的、山药取胜什么部位，我把车支在路边和他探讨。我在这边说，他在那边试，最后确定豆以掐开后含浆为宜，山药从2/3 处取用最嫩的标准。

今天，"张氏鲁菜"经过两代人的不断努力、创新，已经变得枝繁叶茂、羽翼丰满。而我，仍然走在积累前行的路上。"衣带渐宽终不悔"，这第二重境界，自问尚在路上，也许"承"继师门家学的路依然很长，也许师门深厚的家学我终身不能完全"承"继下来，但我不会气馁与懊悔，所知、所学愈多，我愈加为"张氏鲁菜"感到骄傲，也愈加感到肩上担子的份量，更为中华烹饪的博大精深而备感敬畏，无论结果如何，它都值得我穷尽一生去付出。

第三节 众里寻他千百度，蓦然回首，那人却在灯火阑珊处

成大事业者，要达到第三境界，必须有专注的精神，于芜杂的环境中反复探寻与研究，功到石穿，自然会豁然贯通，有所发现，有所成就。此意我辈厨人，取大势、守本分以外，仍需有慧心。要想把传统的东西传承下来，仅凭着教条式的死学硬记是不可取的，前人在传承的过程中也是不断地结合时代与实际做着创新工作，这就需要我们能够有充分的自觉性和悟性，找到传统与创新的内在规律，才能将厨艺不断的向更高、更强发展，才能使中餐菜肴在世界美食之林保持旺盛的生命力和顽强的竞争力。

服务，无非是满足他人的需求；为厨，自然要满足客人的口腹需求。时代不同，客人的需求也在不断变化，饱腹，早已不再是人们的需求，对美食的盼望、吃一餐舒服、可口儿、顺嘴的饭菜才是。过去食物不丰富的时候，人们对动物脂肪的摄入需求量大，很多的传统菜肴，其主材多以肉类及动物脏器为主，如熘肝尖、爆双脆、九转大肠等，现在物质丰富了，很多人开始营养过剩，饮食则逐渐转向少油、少盐、少糖的健康方向，一些以植物蛋白为主的菜肴受到大家欢迎，如奶汤蒲菜、翡翠山药、诗礼银杏等。这就要求厨师在传承经典菜肴时要具备敏锐的观察力，烹饪过程中注意适应时代变化，在保留传统技法的同时，加入更多改良的健康食材或是替代性食材。时代不同，厨房的环境也在变，新的加工设备多了，新的食材多了，万花筒式的炫丽，让厨房方便了也复杂了，比如过去制作鸡茸、

打泥子，都是用刀背手工砸，现在有了打碎机，可以将鸡脯打得更细，过去青菜保持鲜绿都是焯一下再用凉水镇住，现在有了制冰机，可以把焯好的菜放入冰块，保鲜、保绿效果更好，但并不是所有的传统老技艺都适合用新技术代替。比如我们在烹治熘肝尖这道菜时用到的葱、姜、蒜配料，传统讲究"桂花姜、马蹄葱、眉毛蒜"，姜要成沫、葱要出段、蒜要切片，这些就必须采用传统刀工完成，而不能用机器实现。这就要求厨师不能过分依赖高科技，要做到老技法与新技法的完美结合。

今天的厨师，要想老实做好菜，满足客人的准确需求更难了。难就难在，客人不知道他要的具体需求是什么。一顿饭、一席宴，要想得到客人的满意有很多综合因素，就餐环境、服务水平、菜品搭配、口味差异，都可能左右就餐人的感受。具体到厨师的工作来说，烹制菜品都是在厨房里，干活儿在后边，他不和客人直接打交道。这在社会酒楼餐饮界里不成问题，因为做的是流客，所以厨师只要有真功夫、看家菜，做出来的东西当得口、留得住客，买卖就算成了一多半儿。但是搞我们接待服务这行儿的厨师不行，我们在思想上要往"前"站，要提前全面的摸清楚服务对象的饮食习惯、口味的轻重、荤素的嗜好、异味型的忌口，甚至是籍贯、家乡、宗教信仰、既往病史、饭量等等；如果是出外会加工，还要提前踏勘场地、熟悉环境，了解厨房的加工、出品能力、传菜的路线与时间、异形餐具及特殊加工器皿的准备等等。一个接待厨师的职业素养要求，不是"一招儿鲜，吃遍天"，而是"万金油"、"百事通"，这种难度无形之中提高了很多。既要做到"兼才"，还不能丢了本门的手艺，如果百尺竿头更进一步，能将两者融会贯通，则成一代宗师。其间的万难差异都只在一个以"意"、"悟"道的过程。

父亲这一代大师基本上都是13、4岁的年纪就出来学徒了，一辈子没念过书，也没什么文化，师傅传下了手艺，到了每个徒弟，因为性格、悟性、秉赋等综合因素，反映出来的水平也参差不齐。先别说日后开门立派，能有多少本事落到自己身上，全凭个人去揣摩、尝试，靠的就是脑子活泛、心灵手巧。到了我们这一代厨师，上厨师学校、高中毕业再修大专，大家多多少少都有一定的文化水平，比起老一辈儿，就有了钻研的本领与更好的理论基础。比如说，食材的相配、相克，菜的艺术化，老辈儿厨师都靠口传身教，再加上自己的经验。而我们就可以从食理上分析，从纤维结构上总结，从复合味型上解释，对一道菜的把握有了更科学的标准，其是否能迎合大众消费口味也有了更精确的预判，不再是雾里看花、盲人摸象。从另一方面来看，比起我们的前辈，现在的我们学历高了，学问未必高；文化水平高了，专业水平未必高；甚至从综合素质来看，比起老一代厨师，我们是退步的，为什么呢？过分依赖现代化设备，丢了传统技法；过分强调标准化，少了个人特点的训练；过分使用化学调味剂，丢了传统调味本领，一言以蔽之——文化有了，追求没了，对专业的执着、对传统的责任没了。也正因为如此，要"承"就更需要专注于业务，动脑筋去思考，把每道菜的技法成因，食材组合的原理，烹制过程中步骤形成的逻辑关系，运用新的方法、手段详细地理解、消化，然后再在这个基础上去调整、改善、取舍。这份传承功夫既要有坚持的定力、耐力，又要有足够的眼界、头脑。

　　烹饪大师牛金生老师在和我聊菜的时候谈过：社会上总说我们是勤行儿，什么是勤行儿？不是跑跑颠颠不惜力，而是要勤于动脑、用心。学徒之初，什么都不会，慢慢的从不会到会，掌握了配料、刀工、火上的各门基本功，这算是入行儿了，大部分厨师只要手眼勤快，都做得到。然后把这些学会的手艺通过反复的磨练与思考，让它能在自己手上定型，让它能出来自己的风格，这就算把菜做到了精，菜的味道、特点就出来了，做到这一步需要厨师以"意"驭行、以"意"成菜，已经很难得了。在做"精"这个阶段如果能够继续勤于动脑子，琢磨如何把菜做到适意取材、口味宽适，于平凡处还能加上别人难于模仿的个人特色，就进入了把菜做巧的境界，需要厨师在本功儿以外加上"悟"的天分，做到这一步的几乎是凤毛麟角了。这样一步步的走下来，可能耗尽一个厨师一生的时间，甚或"寤寐思服，求之不得"，没有一点精神与意志的支撑，很多人会放弃或归于平庸。

　　说到"悟"，不少人会觉得这是一种很玄的境界，看不见、摸不着，也不了解如何能达到这种状态。事实上，我通过自己的从厨经历及理解，感受到"悟"是可以利用后天的修炼来接近甚至实现的。中医认为：人的比较高级的心理活动层次是

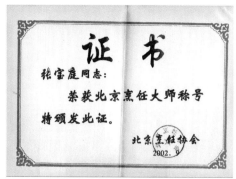

"感"，人的心理活动最高级层次是"悟"，而由"感"及"悟"的中间历程即为"意"。"意"是我们意识、思

考、提炼的总成，具体到厨师这个职业，"意"也是我们不断向更高境界迈进的修行，它也是我们走到"悟"的方法，我们可以通过"意"的训练与增进，悟通一道菜的做法，找到一个味的调法。"众里寻他千百度"就是"意"的培养，"蓦然回首"的发现则是"悟"的刹那。

意始于识，识生意动。烹饪讲究五味调和，酸、甜、苦、咸、鲜，色、香、味、触、形，隐藏在它们背后的是辨识，通过眼观、鼻嗅、手触、舌品而后形成记忆符号，这些不同组类的符号进入大脑，通过应用加以重新组合、还原，甚至是创新，即是意的表现。识其实是个积累的过程，准确把握的过程，过去我们说厨师用东西要"过眼"、"上手"，比如，分辨禽类是否注水要"一拍、二看、三掐、四摸"，分辨猪肉是否注水要"一看皮，二看油，三看肉"，毛肚是否用甲醛泡过，辣椒是否用硫磺熏过，都需要通过一点一滴的积累，再汇集成意，运用到日常烹饪工作中。因此，早年间厨师学艺先要跟着师傅看东西，翅、鲍、燕、参这样的高档食材自不必说，干酱、面酱、豉酱这样的常用调味品都要能看出优劣，见多识广以后，手、眼、鼻、舌都够用了，都练出来了，就能分辨出什么是好东西，自己想要找什么，客人想要吃什么，脑子里就都有了。所以说意始于识，要成为一个好厨师，学会辨识就是创意的源泉，识人之未识，是悟道的开始。识生则意动，有了辨识的能力与经验，自然就训练了记忆与实践的配合，自然就有了好与坏、香与臭、美与丑的审度能力，从厨的底层"意"境就已形成，会随之向更高层的方向流动。

意近于心，心意相生。如果我们宏观地来看，厨师烹饪的工作就是食物加工的工作。这里面只有两个对象，厨

师与食材，那么厨师如何看待食材，就成为分别一个厨师水平高下的标准，或者说你作用于食材之上的态度也反映了你的价值观及人生观。话听上去很空，但如果我们举个例子：我在市政府宽沟招待所工作期间，经常接待一些国家重要领导人。那时候父亲帮我们定的方向是，不做高档菜，充分利用当地食材，突出本味，做精细家常菜。事实证明，这个方向选得非常成功，1990 年，我已经在宽沟招待所担任了餐饮部副经理，由于经理是所长兼任，我这个副经理实际负责着当时整个招待所的餐饮出品工作，当时的国家主席杨尚昆同志在招待所接待霍英东先生，向他推荐了我们自创的"三头席"（猪头、鱼头、狮子头），我们选的鱼头都是当地水库现捕的三斤以上的胖头鱼，鱼捞上来不能现杀现吃，要放一下，让它的神经松下来，把酸排掉。这样的"三头席"搭配上当地的棒茬粥，让霍英东先生胃口大开，每道主菜都上了双份。临走的时候，霍先生特地让招待所帮他准备了一袋棒茬儿要带回香港，杨尚昆主席同他开玩笑说，东西不能白拿走。结果是，在这顿宴席上，霍先生带走了棒茬儿，给北京留下了一个网球场（1990 年，为了支持北京亚运会，他为北京修建运动馆、网球场等若干项目，就是在宽沟招待所确定下来的）。所以说，一个厨师要把菜做好，必须要用心思，和食材沟通，每一种食材都是自然赐给人类的，都是有生命的，你在处理它、加工它的时候，它也在你的手下生长、呼吸，变成可供享用的美食，只有意近于心，才能意传心声，才能菜出于心。牛金生大师说过一句话，菜是厨师的儿子。所以我说心意相生，你对食材用了心，菜就会反过来成全你。

意达于悟，道成意止。"悟"的境界说起来比较玄，

《素问·八正神明论篇》"岐伯曰：慧然独悟，口弗能言……昭然独明，若风吹云，故曰神。""意"达到了这个境界，也变得玄起来，《庄子·天道》"语之所贵者，意也。不可以言传也。"其实，作为厨师来讲，悟来悟去，还是在你的菜上，一道菜可以悟，一席宴可以悟，一个派别、一个菜系也可以悟，关键在于你是不是找到了正确的路。这条正确的路就是锁定人们的味觉需求。

我们正常的成年人大约有一万多个味蕾，绝大多数分布在舌头背面，尤其是舌尖部分和舌的侧面，舌头腹面，口腔的腭、咽等部位也有少量的味蕾。人吃东西时，通过咀嚼及舌、唾液的搅拌，味蕾受到不同味物质的刺激，将信息由味神经传送到大脑味觉中枢，便产生味觉，品尝出饭菜的滋味。过去，社会上一直流传着"味觉地图"的说法，意思是舌头的不同部位对应某一味系敏感，可惜它是错的。我们每一个味蕾包含 50~150 个不同味道的受体细胞，每一个味蕾都能够感受到所有的基本味觉，所以无论味蕾如何分布，舌头各个区域对于不同味觉的敏感程度都是相差无几的。但是，味蕾对各种味的敏感程度不同却是不争的事实，人分辨苦味的本领最高，其次为酸味，再次为咸味，而甜味则是最差的。人们的味蕾，能觉察到稀释200 倍的甜味、400 倍的咸味、7.5 万倍的酸味和 200 万倍的苦味，所以我们在调味时对敏感的味型一定要处理的精准。比如烹醋提鲜一定要从勺边少量淋入，借助勺在火上的热力挥发一部分，其汽化部分与食材混合即可达到效果；对敏感度差的味型在使用时要加厚，使之充分与食材混合，才能达到效果。这就是我们厨师需要锁定的密码，五味混合相调而产生的复合味，必须要遵从这个客观规律，迎合

这个规律。不同的味型通过神经传递给大脑不同的信号：甜味是需要补充热量的信号；酸味是新陈代谢加速和食物变质的信号；咸味是帮助保持体液平衡的信号；苦味是保护人体不受有害物质危害的信号；而鲜味则是蛋白质来源的信号。因此，在烹制菜肴时，对这些信号要善加利用，先上的菜要略微偏咸、鲜口，有助刺激食欲、打开胃口，后上的菜要稍加甜、酸口，有助于饱腹感和促进消化。至于现在流行的一些麻、辣、涩（通常所谓的"煞口"），其实准确地说，并不是味觉的作用：辣味是一种痛觉，是由辣椒中的辣椒素产生的，辣椒素刺激辣椒素受体，在我们接触的时候产生一种灼痛感；涩味不是基本味觉，而是刺激触觉神经末梢造成的感觉结果；麻既不是痛觉也不是触觉，而是一种震动感，它刺激的是我们的震动感受器。了解到这些细微的分别，我们在烹制菜肴的过程中就可以根据量来把握食客感受的度，辣口在先则后边必跟弱甜口以缓之，麻口既行则必得酸口随之以醒。陈梦因先生在《讲食集》里曾经这样归纳："食物与舌头接触的

味是前味，经过咀嚼，由舌头后部及咽部、鼻腔感觉的味的总和叫做后味。饮食后感到还有味叫余味。名厨烹调的菜一吃再吃也不厌，则因吃过以后犹有余味。好味的食物，最重要的味不是前味，而是后味同余味。"将这样一组一

组的味道密码破解，加以综合运用，即可产生不同的前味、后味和余味，给食客带来美好的享受，厨师的职业目标也就可以实现了，所以说"道成意止""众里寻他千百度，蓦然回首，那人却在灯火阑珊处"。这第三重境界在我来说，是一个循环往复的历程，每一次精烹细调，每一次勺起勺落，在我都是一次领悟与精进的锤炼，而对"张氏鲁菜"的承续也在这锤炼中不断丰满。

转⁶

第六章 | **转**

转

　　"张氏鲁菜"因为特定的情况，长期以来一直是"养在深闺人未知"。改革开放以后，随着人们生活条件的改善，社会餐饮市场得到了极大丰富，无论服务水平、质量都取得了长足的发展。特别是近几年，移动互联网络的蓬勃兴起也间接带动了餐饮的大发展，众多的美食品牌如雨后春笋飞速成长，融合菜、迷踪菜、新派菜等特点鲜明的流派不断涌现。更有一众非专业出身的美食爱好者、投资人以各种形式跻身餐饮市场。国家统计局数字显示：2015年全国餐饮收入首次突破 3 万亿元，同比增长 11.7%，行业发展亮点频现。中国烹饪协会副会长冯恩援认为，我国餐饮业发展正呈现出"三小三大"的新特征："小店面大后台"，产业链条全面延伸；"小产品大市场"，连锁经营渐成规模；"小群体大众化"，高端市场仍可深耕。"青

山遮不住，毕竟东流去"，在这样机遇与竞争并存的时代，"张氏鲁菜"如何面对未来？它能不能走向市场接受检验？能不能经受得住市场竞争的考验？能不能把自己几十年积累下来的、丰富的佳肴美食让更多的人品尝与享用？这一连串的问题都摆在我们这些张门二代、三代弟子眼前，"张氏鲁菜"要在我们手里发扬光大，还是一蹶不振，我们能否扛起师门的大旗，在烹饪行业中找到自己应有的位置，都是我们必须面对的现实。风云际会，"张氏鲁菜"走到了发展的十字路口，这一次，我们在历史的弯道抉择。

第一节　支脉根系的丰富

　　"张氏鲁菜"继父亲年事渐长以来，二代弟子陆续接过衣钵，并随着个人对师门技艺的理解，以及对现实餐饮市场的适应和把握，不断尝试向更宽广的领域发展。不少同门已有小成，假以时日，当能江湖立足。话又说回来，父亲当年授徒，唯以艺传，市场这个东西在他而讲，隔了至少三十多年，他教不了。因此，我今天谈论的"张氏鲁菜"支脉根系的丰富也仅以艺论。"张氏鲁菜"一是京鲁菜的底子，二是政务服务的底子，以此生发，它的转型向着更专注于京菜与专注于调和养生的两个脉络上延展。

　　先说说调和养生菜。中式烹饪自古就讲究五味调和的美食观，《黄帝内经》说："天食人以五气，地食人以五味"，"谨和五味，骨正筋柔，气血以流，腠理以密。如是则骨气以精，谨道如法，长有天命"。金代李杲撰《脾胃论》据此以归为"其本气平，其兼气温、凉、寒、热，在人以胃应之；其本味咸，其兼味辛、甘、酸、苦，在人以脾应之"，"至于五味，口嗜而欲食之，必自裁制，勿使过焉，过则伤其正也"，同代医家张从正也提出："五味贵和，不可偏胜"。味，是饮食五味的总称，是调和的基础；调，是烹制方法与技巧的总汇，是和味的媒介；和，是饮食之美的最佳境界，这种和，通过适当的烹饪技法，由均衡调制五味而得，既能满足人的生理需要，又能满足人的心理需要，使身心需要能在五味调和中得到统一。美食的调和，是中国人对饮食性质、关系丁年以降，深刻认识的结果。饮食五味的调和，以合乎时序为美食的一项原则，以阴阳平衡保证人体健康为美食的必要条件。

这些饮食调和的主张也是"张氏鲁菜"的烹制理论基础与依据（本书第二章，"张氏鲁菜"的味，已有专述，此不赘言）。"张氏鲁菜"历来有调顺四时的制作原则，食材调和与菜品搭配都讲究得时当令，应时而作。师门不以奇技淫巧为炫，不逞异味僻材之能，厨者追求肴馔中平，期以适口者为珍。在全面继承本门这一基本理念，充分发扬这一鲜明特色的前提下，我又结合自己三十三年在政府机构的从厨经验，开发了调和养生菜，将"张氏鲁菜"带向今天更为适应人们生活现实、贴近群众饮食需求的健康领域。

调和养生菜在"张氏鲁菜"的基础上融入与借鉴了"药膳"、"官府菜"与"滋补菜"的特点，一言以蔽之：追求"五谷为养、五果为助、五畜为益、五菜为充"的膳食平衡境界。

"五谷"过去是指稻、黍、稷、麦、菽等粮食作物，现在则泛指各类谷物。它们所含的营养成分主要是碳水化合物，其次是植物蛋白质，脂肪含量不高。古人把豆类（菽）作为五谷之一是符合现代营养学观点的，因为谷类蛋白质缺乏赖氨酸，豆类蛋白质缺少蛋氨酸，谷类、豆类一起食用，能起到蛋白质相互补益的作用。

"五果"过去是指栗、桃、杏、李、枣等果类，《灵枢经五味》中说：五果之味，枣甘、李酸、栗咸、杏苦、桃辛。现在则泛指多种鲜果、干果和硬果。它们含有丰富的维生素、微量元素和食物纤维，还有一部分植物蛋白质。

"五畜"过去是指牛、犬、羊、猪、鸡，《灵枢经五味》中说：五畜之味，牛甘，犬酸，猪咸，羊苦，鸡辛。现在人们则更多的归指为畜、禽、鱼、蛋、奶之类的动物性食物。肉类食物含有丰富的氨基酸，叮以弥补植物蛋白质的不足。

"五菜"过去是指葵、韭、藿、薤、葱，《灵枢经五味》中说：五菜之味，葵甘，韭酸，藿咸，薤苦，葱辛。现在泛指各类菜蔬，能营养人体、充实脏气，使体内各种营养素更完善，更充实。菜蔬种类多，根、茎、叶、花、瓜、果均可食用。它们富含胡萝卜素、维生素C和膳食纤维的主要来源。

以上是构成"调和养生菜"的主要食材。今时今世，我们早已经过了需要依靠食物充饥的阶段，恰恰相反，我们正被日益的"营养过剩"所困扰，被紧张的快节奏打乱一日三餐所困扰，被越来越少的运动量所困扰。小孩子肥胖、厌食，青年人脾胃不调，中年人血糖、血压、血脂不正常，老年人心脑血管问题，这一切归结起来，主要的一个原因就是"城市病"——城市发展太快，而饮食结构、饮食习惯、饮食理念还停留在过去，必然导致身体各种异常状态出现。调和养生菜要做的不是加法，而是减法；不是乘法，而是除法，减去饮食中过多摄入的热量、糖分，除去菜肴中的脂肪、多油，在不改变口感、味型等美食本质的前提下，把食材的各类营养调平，调到人们适合的摄取度。大家会发现调和养生菜里没有高档食材，没有罕见食材，也没有特别的烹饪技法，它只是将既有的常见食材从品质上进行优选，再用传统的烹制方法重新进行组合，注重满足人们营养均衡、美味健康的需求。

收徒仪式

为适应现代人少盐、少油、少糖的健康饮食趋势，调和养生菜加大了制作工艺中蒸、煮、炖的比例，相对减少了炒制菜品。美国纽约大学西奈山医学院的海伦·夫拉萨拉博士研究结果称：蒸、煮、炖等中国传统的用水来制作食物的烹饪方法可能更有益人体健康，这些方法会减少人们所吃食物中晚期糖化终产物的含量。糖与蛋白质和某些脂肪的相互作用会产生晚期糖化终产物，它通常存在于动物性食品中。在缺水的情况下，以较高的温度、较长的时间去烹饪食物会使晚期糖化终产物量大大增加。健康的人

摄入越多的晚期糖化终产物，体内出现炎症的程度就越严重。而炎症是引发早老性痴呆、糖尿病和心脏病等大量与衰老有关疾病的重要原因。人们可以通过减少高温烹饪食物及加工食品的摄入量来控制晚期糖化终产物的摄入。关注晚期糖化终产物摄入的人应该尽可能经常地用水来烹饪食物，比如用煮、蒸或炖而不是炒的方法。但是，人们不必完全放弃某一种烹饪方式，我们要适度，不必将某种食物彻底从饮食中除掉。比如一些肉制品的烹烤、炒制，只要在上火之前，将肉类用柠檬汁、醋或其他酸性物质浸泡一下，会大大减少晚期糖化终产物的生成。所以调和养生菜的形成过程中，我们注意了将炒菜尽可能向少而精的方向发展，注重食材的前期处理，保证出菜的脆、嫩、热等特点，一席之上，炒菜比例控制到 40% 左右。

——蓑衣黄瓜。传统做法基础上，在陈醋汁内调入适量用纯正碳薰乌梅萃取的原汁，乌梅含有留醇、维生素 E、维生素 B 群、维生素 C、苹果酸，柠檬酸、铁、磷等。其味酸、性混，有健脾和胃，补养肝肾的功效。40 岁左右女性常食乌梅还有保青春的作用。乌梅干果内所含苦杏

仁或经胃内分解，具有消减癌细胞的作用。不改变原来的酸口儿，依旧保持黄瓜的脆爽，餐前凉菜，四季皆宜。

——杏干肉。传统做法基础上，取料选后臀肩黄瓜条部位，焖制时垫入荷叶，燋汁时再加入山楂。荷叶性味

苦涩，平，归肝、脾、胃、心经，有清暑利湿、升发清阳等功效，荷叶中的生物碱有降血脂作用，降胆固醇总有效率达91.3%，其中显效37.8%；山楂酸、甘、微温，归脾、胃、肝经，显著降低血清胆固醇及甘油三酯，抗氧化、增强免疫力，可预防肝癌，吸脂瘦身。北京传统凉菜，宜夏、秋季节。

——萝卜丝饼。在传统做法的基础上，莱菔子炒熟，与萝卜丝裹煎。莱菔子性味辛、甘、平，归肺、脾、胃经，消食除胀、通气利排。传统馅活儿类点心，餐中传食，宜夏、秋季。

——糯米金瓜。传统做法基础上，调入玫瑰汁，搅入葛根粉，与糯米面同和。玫瑰汁性味甘微苦、温，归肝、脾、胃经，芳香行散，舒肝解郁；葛根粉味甘、辛，凉，归肺、胃经，生津消渴，润肠醒酒。甜口点心，酒后传食，四季皆宜。

——竹荪藕。竹荪用太子参捆出节，形似藕，加入虾胶，汆熟。竹荪每100克中含有粗蛋白20.2%（高于鸡蛋），粗脂肪2.6%，粗纤维8.8%，碳水化合物6.2%，其中谷氨酸含量达1.76%，

保护肝脏，提高免疫力。补益脾肺，益气生津，用于脾气虚弱，胃阴不足，食少体倦。虾胶口感爽滑，鲜美可口。汤品，宜秋、冬季。

信手举几个调和养生菜的小品，是希望大家可以看到它从"张氏鲁菜"演变、蜕化过来的一个思路：不动传统的基本逻辑关系，不破坏菜的原有味型，在适应时代需要的原则下，或微调工艺，或添加辅助食材，将口感略做改良，而以健胃、益脾、护肝为调和宗旨，进而调节身体的血液、代谢状况。

调和养生菜"调"的对象是人，而人的根基、体质千差万别，所以调和菜就要分出门类功效。比如说，今天我们常讲的80后、90后，现在是二三十岁的年纪，他们成长在改革开放以后，物质生活丰富，身体的底子厚，但也正因为如此，会出现味觉早衰、脂肪堆积的现象，导致食欲不振；现在的中、老年人，身体的底子是在物质极度匮乏的年代打下的，来消化今天的美食，会造成虚火旺、胃肠不调的问题，出现所谓的"富贵病"。仅仅从年龄上区隔，"调"的功能就要分别出来。这是食材上的调。

今时的人们生活方式也在变化，过去我们只在极少数的情况下会去餐厅吃饭，现在则是在家吃饭的时候越来越

少。不少餐厅为了吸引食客，在菜品上使用明油，以增加亮度，唤起食欲；为了刺激味觉，会大量使用辛香、麻辣、鲜咸的调料，比如味精、辣椒甚至是增香剂、辣味素等化学合成调味品。这些不良的做法，导致很多人从味觉到消化系统的全面紊乱、失调，调和养生菜就是要把失的调回来，乱的顺过来。调和养生菜着重味道平衡，本味型食材突出激发它自有的味道，无味型的食材入之以天然调味料的复合味道；强调食材调理，透过不同功效的食材组合，促进或帮助吸收，使肠胃在自然的调理过程中逐渐恢复正常的功能，再通过增益了的消化系统功能，提振和改善血液和其他脏器、骨骼，达到稳固体质的目的。

我们经常提醒大家的是：吃饭不仅要用嘴，也要用脑，营养太多会中毒。能吃能喝不健康，会吃会喝才健康，胡吃胡喝会遭殃。

"张氏鲁菜"的另一支脉是以李凤新、潘学庆等二代弟子为代表的京菜出品。北京菜总括起来说大致由三部分构成：鲁菜、清真菜、小吃。父亲入行儿学的就是鲁菜，也是京鲁菜，"张氏鲁菜"后来虽然也有从兄弟方菜中借鉴、学习、补充，其根基还是京鲁菜。李凤新、潘学庆是较早进入师门的一批弟子，他们入门的时候，父亲的体力、精力都还在很好的状态，李凤新是每周教一次，潘学庆也基本上是父亲定期上门传艺，所以都可以说较完整地继承了父亲的东西。手艺学下来，社会上对鲁菜的认知与接受出现了问题，很多无良的厨师瞎做乱改，盐不会使、酱油不会用、汤不会吊，把好好的鲁菜搞成"黑乎乎，咸乎乎，黏乎乎"，成了不健康、不好吃的反面代表，迫于市场压力，他们也开始尝试在鲁菜底子上进行变化，走亲民的京菜路

子。李凤新走的老北京铜锅涮肉、爆肚儿、炙子烤肉，一方面深挖"京味"美食的传统，恢复十三爆、京糕梨丝等一批传统京菜；另一方面将鲁菜的一些烹制工艺融入其中，比如炙子烤肉跟碗汁儿以保证肉的嫩与味，这种碗汁儿就是从以前鲁菜烹制炒烤类菜肴中借鉴过来的。潘学庆是将鲁菜的传统与民间消费水平做了较好的结合，将扒大乌参、油爆双脆等讲究食材与技法功夫的菜进行更换，代之以海米扒白菜等食材要求相对简易的出品，从而保留了扒、爆的出品工艺；把红煨爪尖的食材替换为成本较低的猪手，但是保留了传统的口味。

"张氏鲁菜"的这两个支脉的繁盛，既体现了本门特点，也使之能够更好地参与市场竞争；既自然地完成了适应时代的转变，也基本保留了传承的需要。未来我们会从"张氏鲁菜"不断提炼出更多适应市场、适合食客口味的因素，并充分与兄弟方菜融合，将之发展成更加丰富的支脉体系，让"张氏鲁菜"能够真正走向市场并取得成功。

第二节　飞入寻常百姓家

鲁菜能不能走进家庭，服务于普通人，我认为是个伪命题。任何一个菜系，都有能进入家庭的部分，也有不适合在家庭加工的部分，所以社会餐馆才有存在的意义，厨师作为一个职业才有生存的价值。很多人觉得鲁菜在市场上没有存在感，好像想不起来哪个是地道鲁菜。其实是错觉罢了，真正研究饮食的人会明白，当代的鲁菜俨然已经"两极分化"。

一方面平常，普通的食材、简化的工艺，鲁菜已经飞入寻常百姓家。你感觉不到它的存在，但它早就"随风潜入夜，润物细无声"地进入了百姓的厨房，出现在许多家常菜里面。我们有一个在鲁菜演变史上传播极广的分辨常识：只要用葱炝锅，使用姜、蒜油中爆香的菜都是标准的鲁菜底子。如果技法中有"爆"、"扒"的字眼儿出现，那更是道地的鲁菜技艺，而"奶汤"和"清汤"的区别运用也是鲁菜首创。

那些开在大街小巷上的东北菜馆、烤鸭店都有着鲁菜的血统，家庭厨房里做出来的清炒土豆丝、蒜蓉菠菜、木樨肉、扒菜胆、烧茄子等等都是标准的家常鲁菜。只不过很多人对此已经习以为常，不会去像辨别其他菜系一样刻意地加以区分，而鲁菜又不像川、苏菜系一样有着很独特、鲜明的味型特征。

一方面高端，高档的食材、繁复的技法，一般百姓很难企及，一句话：普通人吃不起。

我们培养一个鲁菜厨师，能熟练掌握鲁菜的各种烹饪技法，至少需要十年。做一道"九转大肠"备料得半个月时间，一席鲁菜宴会使用的干货材料的发制、吊汤也需要准备半个月左右，宴开之日，需要多名厨师协作、配合。无论时间成本、食材成本、人工成本都太高，只能是用于高规格的大型宴会，根本不是普通人群消费的东西。与此同时，特别是改革开放之后，随着广东市场经济的发展，粤菜也逐步北上发展，上世纪九十年代更在北京一家独大。生活节奏的加快，人们更加寻求味觉的刺激，以麻辣见长

的川菜迎来病毒式传播期，因为其取材便利，操作简单，红遍京城。这些条件，都是鲁菜很难做到的。

"张氏鲁菜"在那个政治运动当先、阶级成分流行的年代，注定会被蒙上一层神秘的面纱。事实上，本门的成菜方向首先考虑的就是服务普通百姓，我们参与制作的宴会、服务的小型接待工作绝少高端食材与菜品，更讲究的是优选食材、精烹细制，用普通的原材料加工出味美、健康的菜肴才是"张氏鲁菜"的拿手活儿。早在上世纪八九十年代期间，父亲就参与编写了《中老年案头之友》和《婴幼儿食谱》，对适宜中老年人及婴幼儿两类代表性群体的食品加工、制作进行了归纳与推荐。"张氏鲁菜"代表的菜品：葱扒大乌参、油爆双脆、鸡茸鲜蚕豆、爆两样、黑椒草菇焖鸭胗、鸳鸯菜花、烩两鸡丝、金盏芙蓉虾、醋椒比目鱼、奶汤蒲菜、糖醋黄河鲤鱼、锅烧肘子、烩乌鱼蛋、一品锅、芙蓉鸡片、酱爆鸡丁、炸鸭胗、酱汁鹌鹑、酱香鲜蟹、糟熘鱼片、金汤鱼肚、芫爆肚丝、红扒猴头等百余道菜品，无一不是料精味正、贴近民间的美馔佳肴。

我们重提让"张氏鲁菜"飞入寻常百姓家，是希望通过家门众弟子的共同努力，让百姓认识到"张氏鲁菜"，接受"张氏鲁菜"，把"张氏鲁菜"从服务特定人群，变成让更多的普通人受惠。从服务特殊群体到服务社会，从服务小众到服务大众，这个转型对家门菜来说是个不小的考验，但我认为这也正是一个展示本门菜的机会。

今天，人们更多地选择在社会餐馆就餐，无非有两种原因：一个是不具备家庭就餐的条件，或环境拥挤、或厨房烹饪条件不足，甚或就是不会做菜；另一个原因就是怕麻烦，食材的粗加工——去骨、改刀、腌制、泡发——都需要一定的时间与精力，更不用说食材的采买、餐前的布席、饭后的清理。但是我们常会忽略另一个隐含的问题：进入餐厅的食客，对就餐的需求是有差异化的。中医教育家徐文兵老师在他的《字里藏医》一书中这样为我们解析："饥"与"饿"只能算是近义词，饥伤身、饿伤心；"饥"是吃食不足、不够的意思；"饿"从我，描述的是一种主观感觉，也就是想进食、吃东西的欲望。这样的分析进而导出的结论是：对食物的选择的最低要求是充饥，不论什么，塞满肚子就行。解饿、除馋、过瘾是包含的更高境界。这就是需求的差异化，解决好这个差异化，同时也就解决了鲁菜"两极分化"的问题。现在很多餐厅在提倡做单品，简化出品，我认为也不能盲目跟风，你一个单品能够做到既满足"饿"的需求又解决了"饥"的问题？关键是要看你准备服务哪部分客人，满足他什么样的需求。晚近的京鲁菜也好，"张氏鲁菜"的政务服务也罢，它们更多的是满足食客的"饿"，而不是去解决"饥"——一道"油爆双脆"扣在七寸盘的中间，用的是小四两勺，能解决"饥"的问题吗？显然不行！它解决的是馋、是瘾、是欲，是人对美食的渴望以及获得美食的愉悦感。所以我说，服务对象的转型对"张氏鲁菜"既是机会又是考验，我们要尝试把家门里的东西分出层次，做到营养与味型的充分结合与统一，做给会"吃"的人吃，引导不会"吃"的人会，来获得大家的认同。徐文兵老师把饥饿分了四个层次：又饥又饿，饥而不饿，饿而不饥，不饥不饿。现在很多人进食没有时间规律，缺少运动量，实际上都处于饥而不饿或不饥不饿的状态，没有了"饿"的感觉，没有了吃的欲望，所以才会出现麻辣当道，才会出现异香扑鼻的化学调味剂，

就是更多的人需要依靠这些强迫自己产生"饿"的进食欲，徐老师讲，这就像服用春药来强暴自己。那么这个时候，"张氏鲁菜"要做的事情是把原来服务特定群体的方法拿出来，通过我们保持食材与菜品咸、鲜口感的调味技法，先唤醒大家的味觉，把刺激一点一点降下来，再尝试均衡菜肴的营养，平衡摄入量，来满足人的解决"饥"的需求。

《字里藏医》有言："中华饮食文明的精髓，就是通过对人性和食物性质的把握和调和，让人和自然达到完美和谐的境界"。"张氏鲁菜"正是透过对食材本味的提炼，来激发人的食欲，利用食材相互反应、渗透、作用的原理来形成对应味蕾的感觉，不用辛辣、舍弃异味型，我们也可以烹制出令人食指大动的美味。

高汤得味。北魏贾思勰《齐民要术》记载了人类烹饪史上最早的高汤："捶牛羊骨，令碎，熟煮取汁，掠去浮沫，停之使清。"此后，制作和使用高汤的传统一直延续至今。鲁菜里有"无汤不成菜"的说法，在解放前，山东菜馆会因为高汤用完而打烊，虽然主料都有，客人还想吃，但是为了鲜香美味做到家，不损店铺名声，坚决不做没有使用高汤的菜。"张氏鲁菜"大量的热菜也都有赖于这口高汤。

天然借味。本门出自鲁菜，少不得鲁菜独有的一些调味料的使用，比如，海肠粉、虾籽、蟹黄、虾酱、冬菇、冬笋等也是我们常用的提鲜调味料，而这里面丝毫见不到非天然的成分。它们与更多的本味型、淡味型食材相搭配，出现的复合型口味，不刺激、不张扬，却又能带给人很享受的就餐体验，产生味觉上的满足感。

留白回味。中国传统的绘画艺术里有一个专门的术语叫"留白"，鲁菜也把这一通感借用过来，放到了调味上。

一道乌鱼蛋汤，在调味上讲究留白，必须让食客品尝三口才能吃出整道菜的味道精华，第一口咸鲜上口、微酸微辣；第二口，酸辣味道得以升华；第三口，酸辣咸鲜四味平行于口腔之中，如果第一口就能感到汤口味道很足，那是失败的做法。

耐人寻味。一道九转大肠，将酸甜苦辣咸五种味道融合在一道菜中，这道菜要让食客品尝出层次，每一种味道都能清晰分明地按照时间顺序出场，一秒钟呈现出一种味道，最后层层递进叠加，味道在食客口中要有一个寻找体会的过程，妙不可言。

由此不难看出，实现上面的效果，要求各种调料的选取、使用必须恰到好处，是非常考验厨师功力的。厨师作为一个职业，就要在这些地方下功夫、花力气，客人做不出、吃不到才会需要你的服务，你的服务才有价值，而这种复合型的烹调能力，绝非只可能拿出一两个单品的人、只会玩儿一些炫技或做一些简单粗暴的遮盖性处理的厨师所能具备或胜任的。

解决"饥"与"饿"的矛盾统一问题，是"张氏鲁菜"能够"飞入寻常百姓家"的转型之路上首当其冲的关隘，另一个需要我们面对的困难是食客"吃"与"品"的层次提升，百度上说，"吃"是指用手或工具（筷子，叉子，勺子等）把食物送进口腔，经过牙齿咀嚼后下咽经食道管进入胃里，再由消化系统完成整个消化过程；"品"，指细致地辨别滋味。这里面有两个小故事可以对比着讲：

我们曾经听一位鲁菜老师傅说，有客人点了"芙蓉鸡片"，菜上去以后，客人提出了意见——芙蓉鸡片里没有鸡片，说是厨师偷工减料。他不知道，那非但没有偷工减

料，反而要费多少工与料，刀背要砸多少下、筋要挑多少次，才得这一个"鸡片"。老师傅叹气："不怪他，他不懂，他没吃过，他品不出那嫩与鲜的味儿。"

另一个故事是著名的烹饪大师李启贵老师给我讲的，他年轻的时候，经常服务一些老主顾，其中一位常客是相声大师侯宝林老先生，侯老每次来都坐固定的座儿，每来必点"糟熘鱼片"，但是他点的和别人不一样，他会告诉你："我要——"一个拖得长长的音下来之后是"糟鳜熘鱼片"。会把"鳜"字放前面，意思是鱼一定要鳜鱼，这还没完，还要叮嘱一下："玉泉山的鳜鱼。"然后，才心满意足地靠在椅背上，等着享受美味。玉泉山的鳜鱼长在玉泉山的水里，水底下是沙子，所以没有土腥味。"这鱼每次都是我亲自给他做，做好端上去，看着他吃的那种舒心、愉快的劲儿，我心里也痛快极了。"李启贵老师说这话的时候，脸上也带着高兴的笑意。

所以你看，一个"明珠投暗"，一个"高山流水"，"吃"与"品"的境界高下立判，还需要那些枯燥的定义来区分吗？"芙蓉鸡片"与"糟熘鱼片"都是鲁菜的经典，也都是要功夫拿人的菜，碰到的人不一样，好东西也吃不出好来。要想把这些好东西真正送入寻常百姓家，就必须要引导着人们从不懂到懂，从外行到内行，从"吃"到"品"。都说烹调是艺术，美食是文化，一幅字画、一件器玩，放在那儿没人讲，外行人也看不出好坏来，菜何尝不是这样。"张氏鲁菜"要想走入民间，就要把这些菜里的说道儿，背后的讲究都告诉人家，让每个愿意"品"的人会尝，吃出门道儿，吃出滋味，它在社会上才有生命力。

徐文兵老师说："你在看风景的时候，风景也在看你。

你在吃饭的时候，饭也在吃你。"那么，回到"张氏鲁菜"的转型上来也是一样：你在转向百姓家的时候，大家对"吃"的观念也悄然转变，只看你是不是能把握住这转变的方向与机会。

第三节　传统的坚持

中餐烹饪是农耕时代的产物，它不是工业产品，所以不具备标准化的基因；中餐是烹调艺术的结晶，所以它不适合流水线的加工方式；中餐是美食文化的体现，所以它是有灵魂与精神承载的作品。一个时代再怎么发展，也是既需要快捷、简便的中式轻餐，也同时需要慢品、细啜的美味，对传统的坚持到什么时候也不会过时。

中餐烹饪技术历史悠久，技艺精湛，肴馔精美绝佳。其技术特点具体表现在取料广泛，选料精严，刀工精湛，技法多样，变化多端，运用灵活，品种繁多，注重火功，讲究质地，调味多变，讲究卫生，富于营养，色形美观，艺术性强，风格独特等。"张氏鲁菜"从传统中来，也必须转而回到传统中去，对传统的恢复、对古老技法的延续，是家门的责任，也是整个中餐厨师行业的责任。

张氏家门讲究对整个烹调过程的严格量化标准，但是无论你怎样讲究，烹调者的性格你是无法量化的，烹调时的情绪你是无法量化的，每个人、每道菜灵光一现的智慧与领悟更是无法量化的。而这，正是传统烹调的魅力所在——中国陶瓷艺术宝库中有一款"钧窑"，它的独到之

处在于"窑变"，泥与釉、釉与火会交融出怎样的艺术瑰宝，穷尽你的想像也无法判断与控制——一道经典菜品的诞生，也是无数厨界前辈历经反复探索与失败，汇入点滴的智慧与思考保留下来的。因此，要坚持传统，我认为要做到两点：一是敬畏，二是常习，敬畏是为了恢复，常习是延续的保证。

敬畏。对鲁菜，特别是"张氏鲁菜"家门里擅长的爆、扒菜，不要轻易尝试改动，这些传下来的菜，少则百年，多则甚至有千年的沿袭。古人没有我们现代的知识，不懂得化学与物理的变化，不掌握氨基酸和核苷酸对鲜味的触碰，只是靠偶然的发现与反复的调和去寻找和创造美味，这份对美味追求的执着，对获得美味的思考与智慧，不是我们现代人所能想像的。比如，家门传统煨鹿筋至少六次，并且讲究用瓷碗，食材在光釉面里不会发生化学反应，你现在如果改用不锈钢的碗，煨出来的鹿筋就会变色。明白了这些，你会对每道传下来的菜有一种敬畏，每一次烹制，都会是一次你与无数前辈的隔空对话。你所能做的，就是按照他们的思路，把每个烹制过程发挥到极致，把他们的想法、做法用现代规律加以印证和保留。同时，因为敬畏的存在，我们要尝试做传统的恢复工作。中餐里，一种鸡的食材就有近二百种烹饪加工技法，鸭的制法也在上百种，据不完全统计，中餐使用食材在一万种以上，口味在二百种以上，烹饪技法四十多种，菜品四万多种。而这个统计只是现在保留下来的，还有很多我们已经丢失的传统技法与菜品，远的不说，翻看一下史上留传下来的唐、宋时期的菜单，很多我们已经连名字都要查字典才能念出来，至于做法更是茫然不知所措。相声演员郭德刚在他的成名作

《论相声五十年之现状》里感慨：传统相声啊，一千多段，经过演员的努力——还剩下二百多段。再努力就没了！他也拿我们这个行业做了个比喻："好比说厨师炒菜，你可以发明新的菜，但最起码你得知道什么叫炒勺，哪些个叫漏勺，你拿着痰桶炒菜说是革新，那他娘的谁敢吃啊！"听的时候，大家哄堂大笑，可今天，我们就有了"厕所主题餐厅"，就有了"蜂窝煤炒饭"。客人喜欢猎奇，他不懂，可你作为厨师也不懂？由着性子胡改中餐，你对我们的餐饮艺术、美食文化有没有半点儿的敬畏之心？我们这一代厨人，不要通过我们的努力，传统菜品像传统相声段子一样越来越少，对不起祖师爷给的这碗饭！

　　家门的师兄弟们已经设立了"张氏鲁菜文化传承机构"，我们会定期邀请现在的前辈大师为我们留下传统菜，我们也在整理各类相关的美食古籍，梳理出有关的线索，逐渐恢复那些有现实价值的古菜。它们已经滋养了我们几百代祖辈，相信同样能滋养我们今天的现代人。

　　常习。"张氏鲁菜"有一个优良的传统，就是会定期组织弟子们聚在一起做菜，做传统鲁菜，偶尔也做一些改良菜、创新菜。父亲的弟子里面，刘德美师哥是入门最早的，

性格憨厚、实在，在父亲的菜里面红烧类的继承的比较好，烧、爆、白扒的技法比较突出；申文清师哥对父亲做菜的技法掌握的相对灵活，出品清秀、干净；齐山海师弟经常与父亲参与外会制作，除了白扒类的菜比较出色以外，对兄弟方菜的借鉴能力也较为突出，尤其是对晋菜的融合（齐师弟是著名晋菜大师金涌泉老先生的孙女婿，也是厨行儿世家）得天独厚；李凤新是师门里公认的手艺最接近父亲的弟子，味型与出品都已经达到了与父亲的菜神似的地步，可以说是比较完整地接下了师门的东西；潘学庆红煨与爆、扒都得到了师门真传，他也先后问教过王义钧师傅和郭文彬师傅，算是私塾弟子，因此对传统与现代的衔接、沟通能力是师门里最强的；王卫东仿膳出身，鲁菜与宫廷仿膳的结合比较好，又在香港学了八年多的粤菜，对高档食材的加工出品能力强，做工细腻，对传统的芙蓉底子、奶汤底子类的菜掌握到家。大家平时各自有事业，有的人从事的出品已经离开本行儿菜比较远了，但守着师门的师训，都会定期聚在一起做做师门的菜，既交给了三代、四代的

2015 年 3 月张文海大师收徒合影

本门弟子，也温习了传统技法，不至于荒疏了手艺。

　　无论敬畏，还是常习，对传统的坚持，首先要坚持师承的传统。师承要坚持口传心受、言传身教，坚持收徒要教菜、要教鲁菜、要教"张氏鲁菜"。师门三代弟子、四代弟子入门时间尚短，对传统菜的烹制无论从技法上还是

张宝庭收徒仪式

理解上都有很大差距，但正因为如此，我们二代弟子才要担起责任，不能偷懒、图省事，很多东西，如果我们不教、不传，就会断在我们手上。这不是某个人的私艺，你不教，师门的玩艺儿就会失传，鲁菜的一些传统技法、传统菜肴就会失传。师承还要坚持常习不懈，手上的传统技法菜肴，要定期去烹制，去交流，不一定能够大卖，只为了留住这些东西，将来后代还能吃到祖宗留下来的味道，等到社会有一天需要这些传统手艺的时候，我们还能拿得出来。

　　回过来说到对中餐传统烹调技法的坚持，我们首先应明确烹饪与烹调这两个概念之间的区别，人们常常把烹饪与烹调混为一谈，这是不恰当的。"烹"是煮的意思，"饪"是熟的意思，"烹饪"一词简单地说，是指一切食物由生

变熟的整个过程。所以，从原料选择、初步加工、切配开始，再根据各种制品的不同要求，进行各种方式的操作，形成一个体系，这叫做"烹饪"。相对说来，"烹调"的含义就窄得多了。简单地说，它是把经过刀工处理的原料加热、调味，断生为熟的一个工艺过程，是构成菜肴多样化的主要手段。烹和调是菜肴制作密不可分的两个环节，因此，"烹调"是烹饪学中的一个重要组成部分。

传统的"烹"的作用，一是通过高温加工食材，实现安全食用，有利于健康；二是能促进原料中的营养成分初步分解，减轻人体消化器官的负担，并且能够提高食物的消化吸收率；三是各种原料交相融合，经过加热能透出香味，产生美味，诱人食欲；四是保证色泽鲜艳，形状美观。传统的"调"的作用，通过适当加入调味品或几种原料的恰当搭配，一是去腥解腻，消除原料中的异味；二是能增减菜肴的滋味，改变和提高食品的原味，使之浓淡相宜，富于营养；三是能丰富和调和菜肴的色彩，增强美感；四是确定菜肴的滋味，使之适合口味，香气扑鼻，味道鲜美。

传统烹调技法的基本功包括：刀工技术，投料技术，上浆、挂糊技术，掌握火候技术，勾芡泼汁技术，调味的时间和数量掌握技术，翻勺技术和装盘技术。

传统的烹调可以分为三个阶段：一般可分为加热前、烹调中和加热后。加热前的调味，也叫基本调味，就是菜肴在烹制前，先用调味品将菜肴原料腌浸，腌制一段时间，使味道渗透烹调料里，初步解除原料中的一些异味；烹制中的调味是一个菜肴正式决定性调味阶段，在原料下勺以后，按照菜肴的口味要求，在适当时机，恰当地增加各种调味品，使其滋味渗入原料中，大部分菜肴的调味，都要经过这个阶段；加热后的调味，是辅助性调味，是菜肴调味的最后阶段，就是当菜肴快要成熟时，进行一次埋芡或提鲜，以补助调味的不足。

传统烹调技法在今天的应用当中，有几个是必须坚持与继承的，也是非常适应今天人们的饮食需要，考验厨师技艺的。

水滑法。又称"以水代油烹调法"，就是把上浆后的肉类原料，分散放入沸水锅内滑透，捞出透凉，然后再进行烹调的一种方法。水滑法有助于降低成菜的脂肪含量。用水滑温度低（水的沸点最高是 100℃），可免予高温，能减少营养的损失。菜肴富于营养，用水滑法烹调菜肴品味清淡不腻，质地滑嫩，色泽洁白，符合色、香、味的要求，促进食欲。另外，水滑法简单易行，节约油脂，降低成本。对患高血肥胖症、冠心病而需要控制饮食的人，更是一种理想的烹调方法。

芡汁的调制与使用。一般来说，芡有厚薄之分，要根据不同的烹调方法，不同菜肴的特点灵活掌握。厚芡：厚芡就是勾芡后菜肴的卤汁较稠，按其性质的不同又可分为包芡和糊芡两种。包芡，粉汁最稠，其作用是使稠汁全部包到原料上去，多用于爆、炒方法，例如："油瀑双脆"、"炒腰花"等都勾厚芡，这些菜肴在吃完以后，盘中几乎见不到菜汁；糊芡：粉汁比包芡略稀，其作用是使菜肴的汤汁成为薄糊状，达到汤菜融合、味浓厚而柔滑的要求，多用于烩菜，如"炒鳝糊"等，这类菜肴如不勾芡，则汤菜分离，口味淡薄。薄芡：勾芡后菜肴的卤汁较为稀薄，按其性质的不同可分为流芡和米汤芡两种。流芡：粉汁较稀，其作用是增加菜肴的滋味和光泽，一般适用于以白汁

和熘等方法制作的大型或整体的菜肴，例如"糟熘鱼片"，在菜肴装盘后，再将锅中卤汁加热勾芡浇在菜肴上，这些卤汁一部分沾在菜肴上，一部分从菜肴上呈流泻状态下到盘子里，故称"流芡"。米汤芡：又称奶汤芡，粉汁最稀，其作用只是使菜肴的汤汁浓度略稠一些，以使口味略浓。例如"芙蓉鸡片"、"烩乌鱼蛋汤"等都勾这种芡。

老母鸡吊汤法。老母鸡鲜味足，经加热后，一般约可浸出2%的含氮浸出物，如肌凝蛋白、肌肽、肌酐以及嘌呤化合物等。除此之外，老母鸡还含有较丰富的脂肪、无机盐、维生素和多种氨基酸等，特别是谷氨基酸含量较多。经慢火长时间熬煮，可使浓厚的鲜味慢慢溶解汤中，使汤的味道格外鲜浓醇正。另外，熬煮鸡汤时间较长，老母鸡的质地粗老，不易煮烂，能保持鸡的原形，制汤后可烹制其它菜肴，能做到物尽其用，节约原料。如果选用雄鸡或仔鸡吊汤，其鲜味不足，脂肪较少。特别是仔鸡质地柔嫩，一经加热，水沸即熟，鲜味未出，鸡已煮得溶溶烂烂，浪费原料，也达不到制汤的目的，所以，用老母鸡制汤最为适宜。

热锅冷油法。就是将勺擦净，放入适量油烧热，然后将锅内涮一下倒出，再放入适量温油或冷油，立即投入原料，炒或滑油的一种作法。用热锅冷油法烹制菜肴的原因在于肉类原料本身就含有丰富的蛋白质，且已用蛋清、淀粉浆过。原料投入温油中，遇热后有瞬间的缓冲，烹制者可利用这一瞬间，迅速将原料煸散或滑散，原料表面的蛋白质会逐渐变热，便于舒展伸开，使其受热充分，并且均匀，松散爽脆，质嫩不绵，成菜形色漂亮。另外，锅底热量高，油脂温冷，原料放人油内后，随着油温的不断增高能产生一股上推力，可使原料迅速上浮，起到不粘锅、防止原料破碎的作用。

分档取料法。传统的分档取料就是把已经宰杀的整只家畜、家禽，根据其肌肉、骨骼等组织的不同部位进行分类，并按照烹制菜肴的要求，有选择地进行取料。分档取料的作用：保证菜肴的质量，突出菜肴的特点，选用食材的不同部位，以适应烹制不同菜肴的需要，突出菜肴的特点；不仅能使菜肴具有多样化的风味、特色，而且能合理地使用原料，达到物尽其用。家门把这个传统方法同样用到植物食材上，最好的例子就是用葱：葱是鲁菜必用的调味、调香食材，《清异录》里说："葱，和美众味，若药剂必用甘草也"。"张氏鲁菜"更是须臾离不开葱。一根葱，葱须子炸葱油，用后的须子可以捆烧好的肉方，葱白切丝配烤鸭，茎部切段扒大乌参，葱心炒菜，葱帮拍扁垫底蒸鱼，葱皮用于腌制，没有浪费的地方。

"张氏鲁菜"在几十年的发展历程中，体现了充分的适应性、灵活性，不断地丰富与饱满的体系内涵，也使它具备了顽强的生命力。假以时日，它也一定能够在激烈的市场竞争中焕发活力，成为引领中餐美食义化不断前行的主力军！

合 7

第七章 │ **合**

合

　　《三国演义》开篇第一句："话说天下大势，分久必合，合久必分。"中餐文明沿袭几千年，从最早的南、北差异再到鲁、川、苏三大流派，进而代表珠江流域的粤菜崛起，形成四大菜系，然后细分为八大菜系、十大菜系，之后又分割出各民族菜系，宫庭菜、仿膳、孔府菜、谭家菜、药膳一时间也如雨后春笋，蓬勃而起，最终大江汇流，现在很多人在说"融合菜"。其实，在世界范围里看，就是"中餐"的一个符号。"张氏鲁菜"既然是中华烹饪大家庭里的一员，自然也当融合其中，只是那个特定的历史时期，它被强制性地封闭起来。现在，是这脉涓滴细流回归江海的时候了。

第一节　艺术的汇合

孙中山先生说："烹调，亦是一种艺术"。时至今日，尤其是中央电视台拍摄的《舌尖上的中国》红遍大江南北以后，我想没有人会怀疑这句话。那么，烹调怎样成为艺术？"张氏鲁菜"的艺术性又体现在哪里？这艺术的未来又在哪里？问题的答案有了，我们也就找到了菜与艺术的汇合交点。或者说，只有在这个点上，我们才能够将烹调称为艺术。

一切艺术的构成有三个重要的元素：思想、美和表现形式。创作主体的思想，通过各种外在的形式表现出来，让受众感受到美，这样的过程与结果构成的体系就是艺术。由此可见，艺术的核心是"美"。一个有意思的事情出现了，我们如果再提一个问题，什么是"美"呢？《说文》给出的解释是："美，甘也。从羊大。羊在六畜主给膳也。美与善同意。"所以你看，"美"的原始语境是同"膳"联系在一起的。回到我们的专业上来，一个厨师，将自己的创作思想通过烹调的手段表现出来，能够给客人带来美好的感觉，就可以成为艺术，这烹调的结果——菜肴就成为艺术品。因此，具体来讲，厨师行业内把这个"美"定位为"味"的艺术和"筵席"的艺术，它们一个是单一烹调技法的表现，一个是综合烹调水平的表现。有了这个标准，烹调与艺术汇合的点也就找到了：那些没有用心做饭、没有思想的烹调都不能称其为艺术，这样的厨师是为了满足客人充饥的需求以挣钱，他的烹调目的与标准是断生、可食；现实中还有另一种厨师，片面强调艺术性，而脱离了烹调本身的意义，把烹调技法搞得像变魔术，那些雕花、刀工、舞蹈抻面肯定也是下过苦功练出来的，炫则炫矣，却好像归到表演艺术中更恰当，而不应当算做烹调艺术。因为没有味，离了味也就没有了烹调艺术的魂。

　　用这把尺子衡量"张氏鲁菜"，它的艺术性会很自然地显现出来，由它生长的环境所决定，每一道菜的制作工艺都要求操作者必须投入心思才可能为享用者接受或认可。先说说味型艺术，"张氏鲁菜"谨守"有味使之出，无味使之入"的古训，每道菜的食材搭配、调料使用都经过深思熟虑。我们欣赏一件美术作品，用眼观，欣赏一首音乐作品；用耳听，这是单感官感受，而味型艺术的欣赏则需要复合感官来感受——鼻和舌。所以味型艺术的调配，要考虑到两者复合而兼顾，甚至是交互作用产生的效果。嗅味型的感受上，本门的烹调审美原则是醇厚、绵延，温润、含蓄。比如：糟香醇，不会干扰其他味型，但挥发快，我们会点香略重一些，让菜稍微偏烫，护住味型持久一点，此为醇厚；嗅味型里的辣香最好表达，但也非常容易刺激鼻黏膜，破坏食客对其他味型的欣赏，所谓"治一经、损一经"，但它不怕冷。因此，我们会选择用其他味型来混合、削减甚至是遮盖一下，让它慢慢透出来，此为绵延；葱香、蒜香宜热不宜冷，出这种味型的菜一定要量小快上，而且用食材盖住香气，从食材底部透香、返香，此为温润；醋烹的菜，烹调的时候，醋一定要点在勺边儿上，借着勺温火力就汽化了，这样菜上罩着醋香，但口感不至酸，所谓"犹抱琵琶半遮面"，此为含蓄。尝味型的感受上，本门的烹调审美原则是丰富、清晰，隽永、中正。比如，食材本身无味，需要借助外力的，切忌味型单一，或咸鲜、

或酸甜，交织互感，让品尝者不感到单一、清寡，此为丰富；复合性味型切忌杂混，出香要有君臣佐使、主次顺序，每一种味型都能让品尝者准确的感受到，又不觉得杂烩，此为清晰；烹调使味时，要考虑到进餐是一个过程，菜要经得住时候，所以调料的效力不能在勺内用疲，味型不能在出勺时就达到巅峰，此为隽永；奇艺、巧味可以偶一为之，以增添进餐趣味，但不能以此撑起一个菜系、流派，都说川菜尚辣，其实辣菜只占 30%，所谓"剑走偏锋，兵行险招"乃一时权宜，非长久之计，菜的出味一定要咸是咸、甜是甜、酸是酸、辣是辣，各守本分，此为中正。

"筵席"艺术是"张氏鲁菜"须臾不离的看家本领。其艺术表现形式勿庸缀言，重点想说的是这艺术创造过程的重要性——筵席艺术的创作仿佛画家们合作丈二的大画，又仿佛是音乐家们合奏的交响乐，是一个合力完成的作品，因此过程是完成艺术创作的关键。本门筵席艺术的加工诀窍，一在开单、下料，另在传菜、走席。如果把筵席比做交响乐，那么开单、下料就是作曲，传菜、走席就是指挥，是一部交响乐的灵魂。开单考验的是想像力，一桌席面，冷热搭配、荤素比例、颜色渲染、营养均衡、味型调节，都需要历历在目，滴水不漏。下料反映的是经验，不独是高档食材的控量要精确，即便是调味辅料都要铺排得当，几百、上千人的饮食，误差要控制到最小，北京饭店行政总厨郑秀生大师回忆起自己的师傅淮扬菜大师李魁南老师傅："当年人民大会堂 4000 人大会，下料富裕 20 多人。"传菜、走席体现的则是临场应变能力，我在宽沟招待所担任餐饮部经理的时候，厨房热菜加工条件有限，有时候就餐人多，热菜走席速度受到影响，我就在热菜传菜中间安排面点走一、两道点心，这样席面上就总会保持让客人能够下箸的状态，我们管这个叫"当口点心"。

　　"张氏鲁菜"作为中餐烹调艺术，它的未来之路在哪里？这里面离不开创作者及创作方向的因素。在烹调这个艺术行为上，我认为厨师和食客是共同的创作者，二者通过味觉的编码语言进行沟通，厨师烹调一道直抵食客内心的美味，固然愉快，食客品尝到能让自己大快朵颐的饭菜，也是一种享受。一件艺术品，不是每个观众都能够引起共鸣，一道菜、一席筵也不是每个食客都能对味，众口难调嘛。但事实是人心浮躁，吃的和做的都早已等不及静下心来制作或品尝一桌美味。早在二十五年前，作家汪增祺先生就写过："中国烹饪的现状到底如何？有人说中国的烹饪艺术正在堕落。我看这话不无道理。时常听到：什么东西现在没有了，什么菜不是从前那个味儿了。原因何在？很多。一是没有以前的材料。二是赔不起那功夫。再有，是经营管理和烹制的思想有问题。过去的饭馆都有些老主顾，他们甚至常坐的座位都是固定的。菜品稍有逊色，便会挑剔，现在大中城市流动人口多，馆子里不指望做回头生意，于是偷工减料，马马虎虎。"二十五年过去了，这一情形不但没有好转，反而在继续恶化，中餐烹调艺术正加速走在消亡的道路上，这是我们中餐烹调的悲哀。今天的中餐厨师行业，正在指望少数的老先生、个别的中坚力量以及凤毛麟角的少壮派扛起传承艺术的大旗。因此，这是一个行

业的没落。"张氏鲁菜"为弘扬中餐烹调艺术，愿以菜会友、以味访友，在未来的发展之路上，结识更多能品会尝的中餐美食爱好者，相互切磋、共襄盛举。做好菜，始终是本门制馔的信条；做有灵魂的菜，是本门坚持的方向。

著名作家苏叔阳在《吃的拉杂谈》中说："在我看来烹饪这玩艺儿，是最能体现创作者主体个性的艺术。不管师父多么高明，也不管对徒弟要求多么严，甚而至于手把手教，徒弟的菜和师父做的，绝不雷同。无论是刀工还是火候，无论是色香味哪一样，在不离大谱的前提下，总有微妙的差别。而菜的佳境在于'韵味'，这是色香味形以及原料、调料、火候、厨工个性等的浑一，这就需要多年实践的积累和对烹饪奥秘的体验，往往是可品味而难以言传的。"张氏一门弟子现在有些人已经逐渐开始形成自己的风格，我们会继续努力为社会奉献有滋味、有活力的烹调艺术。至于"张氏鲁菜"未来的烹调艺术创作方向，我愿借苏老的一席话与同门共勉："还得有股韧劲儿、钻劲儿、琢磨劲儿，才能创出自己的品味儿。中国菜还是要在味道、营养上下功夫。"

第二节 文化的融合

说烹饪文化之前，先分享两个小故事。

已故陆文夫老先生名著《美食家》笔下那位美食家朱

自治对菜味优劣的关键总结为"放盐"一条，那是他的独到体会。巧的是，著名烹饪大师牛金生老师曾经自谦地跟我说过一句话："我干了这么多年烹饪，刚学会使盐。"以盐提鲜，以汤壮鲜，调味讲求咸鲜纯正。会做、会品的两位老师素昧平生，都说隔行儿如隔山，他们却透过时空、通过对美食的感悟，完成了一次烹调文化的心灵交流，这种"高山流水"般的通感，除了文学作品以外，大概只有在中餐烹饪中相遇、相知。

　　"山东流派的菜最擅长用香糟，各色众多，不下二三十种。糟熘鱼片，最好用鳜鱼，鲜鱼去骨切成厚片，淀粉蛋清浆好，温油托过，勺内高汤对用香糟泡的酒烧开，加姜汁、精盐、白糖等佐料，下鱼片，勾湿淀粉，淋油使汤汁明亮，出勺倒在木耳垫底的汤盘里。鱼片洁白，木耳黝黑，汤汁晶莹，宛似初雪覆苍苔，淡雅之至。鳜鱼软滑，到口即融，香糟祛其腥而益其鲜，堪称色、香、味三绝。"留下这段令人垂涎的文字的是已故著名学者王世襄老先生，他说："汤与糟之间，有矛盾又有统一。高汤多糟少则味足而香不浓，高汤少糟多则香浓而味不足。香浓味足是二者矛盾的统一，其要求是高汤要真高，香糟酒要糟浓。正规做法是用整坛黄酒泡一二十斤糟，放入布包，挂起来慢慢滤出清汁，加入桂花，澄清后再使用。高汤是用鸡、鸭、肉等在深桶内熬好，再砸烂鸡脯放入桶内把汤吊清。清到一清如水。"这和我们前文提到的李启贵老师回忆侯宝林大师吃的"糟鳜熘鱼片"异曲同工，和我们"张氏鲁菜"1:7的吊糟方法、鲁菜鸡脯吊清汤的制法如出一辙。文物鉴赏大师与烹饪大师在一个"糟"的领域内实现了文化融合，这不特是中国文化、中国烹饪文化独有的魅力。

　　通过两个小故事，不难看出，社会文化水平与烹饪文化的发展、传承息息相关，有什么样的社会文化就会形成什么样的烹饪文化，因为文化是人的行为产物，人的文化素养水平决定他对烹饪文化的审美水平，进而决定了什么样的厨师可以满足这种审美水平，当这个水平下行的时候，厨师业的整体烹饪水平也一定是下行的。

　　知堂老人周作人说："我们于日用必需的东西以外，必须还有一点无用的游戏与享乐，生活才觉得有意思。我们看夕阳，看秋河，看花，听雨，闻香，喝不求解渴的酒，吃不求饱的点心，都是生活上必要的——虽然是无用的装点，而且是愈精炼愈好。"所有这一切，当代人有过内心的关照吗？我们多少人一坐到桌前就催着点菜、催着上菜、催着结账，多少人的一顿饭承载着数不清的交易，多少人的一席筵灌下不醉不休的酒，厨师做了什么，有人关心过么？餐桌上了什么，还重要么？美食与精美的中餐烹饪文化就这样与我们渐行渐远。我去拜访京菜大师佟长友老先生，他对我讲过一句话："品味，品味，现在的人还'品'

与佟长友先生合影

吗？"这真是振聋发聩的一句话，"味"的文化不就是"品"

出来的吗？烹饪与文化能放在一起，不就是通过"品"把二者融合在一起的吗？

我由此意识到，"张氏鲁菜"要想入世，必须有它生存的土壤与环境，这土壤与环境就是对烹饪文化的欣赏，就是拥有融合烹饪与文化的认知能力及热情，但首先还应当有我们从业者的责任心与素质。烹饪一旦脱离了文化，走向没落，传统经典菜肴一旦失传，食客固然会惋惜，最终损害的是我们这些厨师，离开了手艺，我们还算厨师吗？我们还有社会价值吗？我们不会做菜了，还会什么？李一氓说过一句话：现在有味精，不管做什么菜，任何人都能撒一撮下去，菜味就差不多了。但在没有味精以前，中国厨师都另有一套本领，能做调味的汤，拿这种汤来增加所做的菜肴的鲜味。光绪三十四年（1908年）日本开始生产味の素并输入中国。民国十二年（1923年）张逸云出资与吴蕴初合作创办天厨味精厂正式投产，这两件事标志着中餐烹饪第一次进入了非天然时代。父亲与王义均老都曾回忆起新中国成立之初，他们刚刚开始使用味精的那段往事：每人给一个小桶，每次只让点指甲盖那么大的量放到汤里，甚至到我们这一代厨师都能顺嘴溜出一句"酱油香油醋，咸盐料酒味之素"，"现在都用大拍勺放了。"王义均老先生一句话伴着些许无奈的笑，或许他们都没有意识到，这一辈厨人开启了中餐的工业化时代。从指甲盖大小量的味精放进去，到今天"乱花渐欲迷人眼"的增稠剂、增香剂、增色剂，中餐正飞快的抛弃文化。英国前首相麦克米伦说过："自罐头问世以来，要想享受饮食文明，只有到中国去。"今天，他还会来吗？

有人说：餐饮，将传统文化一锅烩到了里头。事实上，

中国的烹饪文化紧密的同哲学、宗教、文艺、科学、医学、礼俗等发生着关系：都说水火不容，水火却隔着一把勺完成了阴阳的交汇，你能说这里没有矛盾统一的哲学吗？万种食材、百般调料在勺内作用、变化，和生出一道道人间美味，你能说这里没有包容万物的宗教文化么；举凡食材的分子结构破壁与味蕾的触碰，炖鸡为什么要用蘑菇，是因为蘑菇属阴寒，而鸡为热性，这些点滴里面处处反映着科学与医学的光辉。厨师，是传统文化最后的、最直接的守护者，一道"芙蓉鸡片"的口味来自遥远的十三世纪时期的元代，先民的味道就在你的口中，而它的传递者是厨师。

　　京味儿作家邓友梅先生在《饮食文化意识流》里写过一段话：饮食也是文化。若把饮食纳入文化范畴，它可能是最容易从事又最难取得成就的一个项目。毛病出在哪儿呢？吃饭的人虽多，但大多仍停留在本能状态，不进入思维创作境界，就很难吃出名堂来。这种情况也是饮食的双重功能造成的，既能解饥活命又供艺术欣赏。现在人们说"饮食文化"、"烹饪艺术"，既是文化艺术，当然像其他文艺门类一样有民族、地区之差，文野、雅俗、高低之分，也有各种流派的争鸣，各种风格的斗胜。但起决定作用的基本特征还在"可饮宜食"。其实，饮食文化是最讲实效的文化，不能哗众取宠，而要看真招子。"张氏鲁菜"与文化的融合有过华丽的过去。那么，未来，我们这些后辈晚生还能不能延续它的文化水准，家门的三代、四代弟子还有没有这份强烈的使命感与责任感？他们还会不会坚定的守护这份文化的薪火？关键在我们这些今天事业、名声都已经小有所成的二代弟子身上，前人、后人都在看着我们。

我有一次和李启贵老师聊菜，谈到"张氏鲁菜"的特点，他先从"芙蓉鸡片"说起："张老（家父）是在油底下吊鸡片，就这手活儿，有几个人敢说会？芙蓉鸡片、浮油鸡片、炒芙蓉鸡片，这是三个菜，现在有几个能说出门道儿哪不一样？鸡皮下是油、油下是脯子肉，脯子肉下面才是做鸡片的鸡芽子，案上铺好猪皮，鸡芽子在猪皮上砸成茸吊鸡片，这是'张氏鲁菜'选材用材的特点，现在有人这么干吗？"从鸡片的制法他又给我讲到家门的"糟熘三白"：笋片飞水，鸡片、鱼片分别滑油，然后把笋片码在中间，一边鸡片，一边鱼片，推入勺中，放汤、放糠、放调味品，最后放糟汁儿、拢芡儿，大翻勺出，这是外边馆子讲究的菜。"张氏鲁菜"不这么做，张老用的是"芙蓉鸡片"的鸡片，那是什么功夫？为什么这么做？便于咀嚼、便于吸收、便于营养！多挑的客人吃这菜没毛病。父亲每次外出讲课都要把这道菜的做法讲一遍，这菜的做法到今天在家门以外已然见不到了，作为烹饪文化，它消亡了，我们这些传承人是不是应该惭愧呢？

又想起一次看王世襄老《从香糟说到"鳜鱼宴"》的文章，里面写着：糟煨茭白，茭白选用短粗脆嫩者，直向改刀后平刀拍成不规则的碎块，高汤加香糟酒煮开，加姜汁、白糖、精盐等佐料，下茭白，开后勾薄芡，一沸即入海碗，茭白尽浮汤面。碗未登席，鼻观已开，一啜到口，芬溢齿颊，妙在糟香中有清香，仿佛身在莲塘菰蒲间。"糟熘鳜鱼白加蒲菜"，鳜鱼一律选公的，就是为了要鱼白，茭白剥出嫩心就成为蒲菜，每根二寸来长，加入香糟酒，三者合一，做成后鱼白鲜美，腴而不腻，蒲菜脆嫩清香，

恍如青玉簪，妙在把糟熘鱼片和糟煨茭白两个菜的妙处汇合到一个菜中。

张氏家门的东西与美食家的东西若然符节，我们多留下一点，就是为烹饪与文化的融合保留了一粒种子，不做，总有一天我们会后悔的。

任何美食美味，皆与人文、友情共存。

第三节　匠心的契合

寻找美食，创造美食，是我辈厨人毕生的目标与事业。在我为厨的道路上，既有前辈师长的关爱与提携，也有晚辈弟子的支撑与帮助，更为庆幸的是有知交、朋友的襄助与扶持。

左起苏永胜、胡桃生、张宝庭

和我同在中直机关工作的苏永胜大师，一手缔造人民大会堂"堂菜"的胡桃生大师都是几十年志同道合走过来的挚友。这里面尤为特殊的是京广家集团的佟斌董事长。

佟斌董事长是我的朋友。我们的友谊从上世纪九十年代中期就开始了，那时候他还没有开始创业。我们的交往应该算是"淡如水"的那种，他比较沉稳，话也不多，我是常年在政府机关工作的，总在领导身边服务，也养成了"寡言"的习惯，两个人时致问候，又很少谋面。

1999 年，佟总开始创业，专注速冻中西式面点"产、

供、销"全产业链服务。我也正经历着从北京市政府调动
去中宣部的过程，都是人这一辈子比较关键的坎，彼此精
神上的关照多一些，虽然帮不上大忙，却能在未卜的前路
上多带一份来自朋友的温暖关爱。

与佟斌先生合影

　　佟总事业的春天开始于 2008 年。这一年，京广家成
功地服务了北京奥运会，开启了国家级大型会议、活动的
保障服务大幕，此后是 2010 年"上海世博会"、"广州
亚运会"，2014 年"APEC 会议"，2015 年"9·3"大阅兵，
各种重大保障服务纷至沓来。我则在中宣部一直坚持着一
线工作，间或也服务一些大型活动，同时摸索着将"张氏
鲁菜"两代服务于政府公务的心得加以沉淀、总结，尝试
将传统鲁菜向滋养功能的方向上改良。事业展开了，要做
的工作也多起来，一起坐坐的时间更少了，也还是能做到
隔段时间通个电话，逢年过节走动一下，不为别的，知道
自己都还在对方心里惦记着，心上也默默地关注着对方的
事业，挺好。

　　佟斌把京广家的企业理念归纳成"以诚待人，以信生
存，诚信致远"十二个字，我开始把师门"坦诚做人，良

心处事"的师训传给自己的徒弟。过了口号满天飞的年代，我们还是知道人处天地间，仍然需要有些信仰与精神的。那么，一个"诚"字内以自省、外以经事应当是必须坚守又是最难做到的标准。佟总的员工我没有见过，我的徒弟也没有领到过他面前，但我相信，"诚"之一字，"信"之一念，我们是融进了企业、人心的。"诚信"，我们二人从来不曾探讨过，也没有相互切磋过，之所以不约而同地将之奉为信条，只能归集为我们相似的年纪，各自走过的经历，形成了很深的觉悟与自然的关照。这两个字，以他的为人，这么多年，他当得起，我自问也差强人意。

今天的京广家 7 家分公司、6 家食品工厂，为近 400 家星级酒店服务，其中不乏国际酒店管理集团旗下的香格里拉、洲际、喜达屋、雅高、万豪等品牌。此外，他还服务着航空配餐市场，在几个主要渠道市场占有率都在 95% 以上。2012 年，京广家收购了瑞士瑞家持有的瑞家食品 71% 的股份，将欧洲传统配方及工艺与现代科技相结合，一举跻身于世界级知名烘焙企业行列。看着朋友一步一个脚印地在中国的食品市场上打拼出这样了不起的成绩，我真心地代他高兴，也为我们这份平淡、温醇的友谊骄傲。我自己呢，随着父亲年事已高，要逐渐接过"张氏鲁菜"的大旗，承蒙烹饪界同仁抬爱，送了我"烹坛少帅"四个字，也着实担当不起。现下，"张氏鲁菜"门人弟子 170 余位，如何将之发扬光大、泽及后辈、受益同门，是我最大的考验。同为 1965 年生人，人到中年，佟总已经事业有成，我却刚刚举步，不管未来怎样，廿载的友谊如淙淙涧泉淌过彼此人生的沟壑，那份感知与信任，历经发酵与酿制，在我们半百人生时开启，显得格外甘冽与醇厚。

我把同他的交往总结为：廿载如水之交，两坛醇酿
人生。

人生难觅一知交，愿得管鲍共酩酊。

第四节　中餐的聚合

因为父亲的关系，我从入厨行儿开始就接触到许多这
行儿里顶尖的大师，他们工作单位不同，有的在饭店里，
有的在政府机关里，也有的在社会上；做的菜系也不一样，
鲁、粤、淮、川都有。在向他们问艺的时候，老先生们讲
到最后，都给我讲过一句话：我们这行儿，有本事的不愿
意干，没本事的干不了。那时候我也年轻，对这句话印象
深刻，但总觉得奇怪，理解不了，有本事、没本事都干不
了，什么人能干呢？干厨师到底是有本事还是没本事呢？
这些大师个个儿身怀绝技，走到哪儿都是高接远迎，备受
景仰，又怎么能说不爱干这行儿呢？三十三年以后的今天，
我明白了：厨师这个行业，就是要用大胸襟做小事情，用
大情怀关注小细节。我个人的一点心得是，做厨师，练就
了扎实的基本功，再具有了这种格局与意识，就具备了脱
颖而出的条件，专注与苦修只保证你有达到成功的力量，
足够的智慧与领悟则可以带你进入成功的"自由王国"，
二者缺一不可。

厨师这个职业，每天使用的是刀、勺、盘、碗，每天
加工的是肉、禽、蛋、菜，每天接触的是酱、汁、葱、蒜。

日复一日，年复一年，一盘菜、一碗羹，做的都是小事情，如果没有大胸襟，很容易就流于"当一天和尚撞一天钟"的生活。另一方面，现代社会的浮躁与快节奏，对声名与财富的追逐，都使得厨房也不可能成为一片"净土"，无异于艺走捷径、无异于"承"辟蹊径。我去王义均老的家里看望他，老人拉着我的手说："太快了，宝庭，现在的菜创新的太快了，一道菜创出来，不到半年、一年，又换了，没了，菜的寿命太短了。"

从老人的表情上看得出来，那是真的为我们中餐烹饪界着急、忧虑。再想起每次见到父亲，他老人家也总是感慨年轻人踏不下心来学手艺了。这些老一辈厨人，八十多岁的高龄，做了一辈子菜、教了半生的弟子，到今天干不动也教不动了，却还在为中餐烹饪的传承操心，没有肩负传统、薪火相续的胸襟，是不会有这种感受的。

现在的中餐烹饪界，一些老传统又在逐渐恢复，磕头拜师、受艺后效力师门、三节两寿登门看师傅，这些都是好事。中餐厨艺本就讲究师带徒，口耳相传、意领神会。但是一些负面的东西也在沉滓泛起，门派之争、相互排挤、只收徒、不传艺，这些旧时的劣根又在冒头。我从心里有一种想法，希望我们所有厨人能够放下门派之见，到了我们中餐烹饪聚合汇流，齐心合力传承老技法、老菜式、老工艺的时候了，世界曾经仰慕博大精深的中式烹饪，现在拿出什么水平还给世界，让大家了解真正的中餐烹饪传统文化，该是我们这代厨人努力的时候了。苏东坡《乌夜啼》有云："更有鲈鱼堪切脍，儿辈莫教知"。说的是厨师技艺高超，却密不外传。我们多少中华古老的烹饪技法与文明就在"儿辈莫教知"的观念下渐渐失传。

　　新中国成立以后，父亲这一代从民国跨进来的厨人，拿着老手艺，接受的是新思想，他们没有门户之见、没有私掖独大的念头，而是真心实意、毫无保留地将传统的东西教下来。李启贵老师、佟长友老师、郑秀生老师、牛金生老师，这些我亦师亦友的大师们，在谈起他们上世纪七八十年代学艺的经历时，都能如数家珍地报出一串厨行儿里威名赫赫的名号，他们只有一位师傅，却是众多前辈的私淑弟子，一路得到他们无私的点拨与开示。即就是我们本门的师兄弟不也如是吗？李凤新、潘学庆、齐山海等等，哪一个身上不是带着两三位以上国宝级大师的手艺。这手艺如果囿于门派之见断在手里，我们会是中国烹饪的不孝子孙，我们不能把它发扬光大，也有愧于祖师爷赏的这碗饭。

　　我碰到过家门里有人说：现在的徒弟不如以前，不专心、不踏实、不愿意吃苦了。这是实情，餐饮市场竞争异常激烈，更有很多非科班儿的美食爱好者入行儿，有很多的资本游资进入餐饮的红海。电视上良莠不齐的美食栏目一大把，没吃过、没见过美食的个别网红自媒体人道听途说、一知半解就开始讲烹饪文化，热闹非凡、泥沙俱下，还能安心学艺的有几个？但是我相信邪不胜正，我也相信几十年学下来的手艺靠得住，泡沫破灭以后，烹饪总还得回到味道、手艺上来。我们能教给徒弟的只有手艺、烹饪经验和做人，我们教不会他们怎么靠着一个爆品挣钱，教不会他们怎么讲故事。进张家门学"张氏鲁菜"，你就要踏下心来把技术学扎实，厨师是个匠人职业，你就要有工匠精神，手艺没学到家就先想着发财挣钱，那不是我们家门的门风，也不会成为我们家门的徒弟。

　　庾澄庆有一首歌叫《蛋炒饭》，那里面有这么几句歌词：日日苦练、夜夜苦练，基本功不曾间断，到现在我的刀法精湛，三两肉飞快我已铺满一大盘；到现在我的手劲儿实在，铁锅甩十斤小石子在锅里翻。中国五千年火的艺术，就在这一盘。这才是我们厨师的本分，没有大情怀，就守不住练功的寂寞，就做不来这些小细节。家门有一道传统菜"烩两鸡丝"，那鸡丝要求撕得差不多像牙签一样细。只有这样，制作过程才能保证入味，客人品尝的时候才方便。你如果没有手上的功夫，撕完了跟筷子粗细差不多，这道菜好吃不了。所以，我会告诉徒弟们，你的基本功不会白练，你所有在细节上花的功夫，总有一天菜会报答你，它不会说假话。随着人们生活水平的提高，物质的丰富，已经有越来越多的食客不满足于饱腹，他们有享受美食的需求；也开始有越来越多的人品味在不断提高，他们关注健康、关注食材、关注厨师的功底。中餐烹饪正在回归它的本源，我们厨人要做的是提高技艺、恢复传统、正确引导、团结合作，让这一天早日到来。

　　《舌尖上的中国》总导演陈晓卿在《一席》的演讲中说："传承中国文化的不仅仅是唐诗、宋词、昆曲、京剧，它包含着与我们生活相关的每一个细节，从这个角度来说，厨师是文化的传承者，也是文明的伟大书写者。"在中餐的洪流聚合历程中，在中国烹饪走向世界餐饮文化的征途中，我愿作勺林微末的一个"马前卒"，让伟大的中餐文明薪火相传！

张宝庭与父亲张文海

张氏鲁菜传承人二、三、四代名单

（注：红色代表二代、黑色三代、蓝色四代，每个人后面缩进的人名字为该人亲传弟子）

刘德美

申文清 赵建国、孙明权、殷 卫、周 浩、刘晓军、安成强

张宝庭 姜玉东、王建安、赵建宏、马光武、圣自刚、冯自忠、韩国彪、李华鹏、郭 猛、孙晋伟、马晓青、奥利斌、陈红喜、邓 勇、刘红阳、刘海涛、魏 雷、李财明、郝在军、胡建旭、相增辉、杜利波、张 华、邬 刚、杨明奎、杨永峰、郑晓东

李凤新 苏增辉、耿 健、倪志明、梁海金、李鹏飞、刘 健、王 健、靳立辉、张 旭、李 站、刘 斌、张 庭、顾贝贝、鲍 雷、隋 英、孙礼程、张文杰、王志斌、李国臣、张艳峰、郭 靖、徐志海、刘志强、焦 超、万焕军、魏立新、马龙飞、郭旭召

张 旭 赵芳容、李小成、李 佳、徐彦真、王 洋、陆 逊

张卫新

闫鑫桥 陈常青、王永涛、柏跃奇、徐广峰、李 江、康 艳

潘学庆 林 海、巩海岗、段 龙、张 迪、郭寿震、刘佩航、王 冲、冯志越、高 奎

齐树军

蔡向东

杨军兴 姜开思、温庆勇、李金柱

连书立 杨金龙、李 龙、崔 溢、温九成、孙新涛、刘军利、李卫山、李鹏宇、赵学伟、王 阳、范金财、邵东明、苗绘玲、韩 峰、候凤鸣、宁士忠、同 超、陈 鹏、马 誉

温振林 陈如意 喻 军、孟焱鑫
刘显峰 杨显林、刘佩佩
付晓峰 史宝昆、杨芳军

王宏达

王建军

曹长朋 汪　想、杜言保、郭少勇、宋顺利、郭　军、李成军、马恒飞、
孙秀敬、张建伟、李永珅、张　阳

王跃刚

魏高峰 马　强　、刘小萌、唐国强　、王升魁

庞国庆 杨本魁、王国丰、吕　帅、杨大伟、隋国辉

黄浩新 赵喜明、王　波、鲍　磊、王　明、郭世勇、孙　建、张小龙、
赵　磊、张　飞、全　恒

齐山海

胡建东

张草友 王　帅、田聚亮、于升龙、刘成龙

赵防沈 王石虎、张宝平、李　明、刘鱼蕾

杨仁军 孙　欣、巨　辉、温利争

王卫东

张青春

张宝庭 **8**

传承菜品

乌梅汁蓑衣黄瓜【清热生津】

银杏砂仁罗汉肚

【温中补脾】

荷叶山楂杏干肉

【消食润燥】

淮山药糟熘三白

【补脾益肾】

沙棘果糖醋鲤鱼

【开胃生津】

虾子葱扒大乌参

【滋肾养阴】

党参鸡茸扒菜胆

【健脾益气】

薏仁翡翠萝卜方

【消食化滞】

覆盆子象眼鸽蛋

【补肾养容】

勺里拌粉加烂蒜

【润燥生津】

茯苓鳕鱼狮子头

【健脾益气】

玉竹猪手炖豆腐

【养阴润燥】

鲜枸杞奶汤蒲笋【益气明目】

太子清汤竹荪藕

【益气补虚】

茯苓杞子鸡豆花

【健脾益气】

莱菔萝卜丝酥饼

【消食下气】

洋参杂粮野菜团

【养阴生津】

茯苓玉粉银丝卷

【健脾利湿】

葛粉玫瑰糯金瓜

【醒脾益气】

参考文献及书目

1.孙嘉祥,赵建民.中国鲁菜文化:山东科学技术出版社.2009年5月第一版

2.诸子集成.上海书店.1986年第一版

3.元朝人.北京图书馆古籍珍本丛刊61·居家必用事类全集.书目文献出版社.1988年第一版

4.十三经注疏·清嘉庆刊本.中华书局.2009年10月第一版

5.黄晖.论衡校释.中华书局.2006年第一版

6.王学泰.中国饮食文化史.中国青年出版社.2012年7月第一版

7.唐鲁孙.唐鲁孙系列.广西师范大学出版社.2004年11月第一版

8.齐如山.中国馔馐谭.华中科技大学出版社.2015年4月第一版

9.逯耀东.寒夜客来.三联书店.2013年2月北京第一版

10.张起钧.烹调原理.中国商业出版社.1985年5月第一版

11.爱新觉罗瀛生.北京旧闻丛书·京城旧俗.北京燕山出版社.1998年7月第一版

12.邓云乡.增补燕京乡土记.中华书局.1998年3月第一版

13.徐珂.清稗类钞.中华书局.1986年7月第一版

14.二毛.民国吃家.世纪出版集团.2014年2月第一版

15.金受申.口福老北京.北京出版社.2014年10月第一版

16.夏仁虎.旧京琐记.北京古籍出版社.1986年7月第一版

17. 震钧 . 天咫偶闻 . 北京古籍出版社 . 1986 年 7 月第一版

18. 徐文兵 . 字里藏医 . 安徽教育出版社 . 2007 年 10 月第一版

19. 周简段 . 老俗事 . 新星出版社 . 2008 年 4 月第一版

20. 章诒和 . 伶人往事 . 湖南文艺出版社 . 2006 年 10 月第一版

21. 北京东方饭店九十年 . 东方饭店 . 2008 年

22. 陈明远 . 文化人的经济生活 . 文汇出版社 . 2005 年 2 月第一版

23. 陈明远 . 知识分子与人民币时代 . 文汇出版社 . 2006 年 2 月第一版

24. 杨文骐 . 中国饮食文化和食品工业发展简史 . 中国展望出版社 . 1983 年 9 月第一版

25. 陶文台 . 中国烹饪史略 . 江苏科学技术出版社 . 1983 年 2 月第一版

26. 王仁兴 . 中国饮食谈古 . 轻工业出版社 . 1985 年 11 月第一版

27. 朱锡彭 , 陈连生 . 宣南饮食文化 . 华龄出版社 . 2006 年 9 月第一版

28. 汪增祺 . 知味集 . 中外文化出版公司 . 1990 年 12 月第一版

29. 郑逸梅 . 艺海一勺续编 . 天津古籍出版社 . 1996 年 11 月第一版

30. 刘朴兵 . 从饮食文化的差异看唐宋社会变迁

31. 开封宣传策划局 . 宋室南迁客家定称 . 开封日报 . 2014.10.21

32. 赵景孝 . 被遗忘的北菜之王——让我告诉你鲁菜

薪火赋·代跋

张新壮

中国商业出版社　总编辑

中国饮食文化源远流长。

"火传阳燧，水溉阴精。"早在上古燧人氏时代，祖先们就掌握了钻木取火，石烹熟食的技能。到了伏羲氏时代，开始了"结网罟以教佃渔，养牺牲以充庖厨"。此时，陶制品的发明使祖先们拥有了炊事器具，如鼎、鬲、等。

黄帝时代，中国饮食文化又得到了一次质的发展。甑的发明，进入了"蒸谷为饮，烹谷为粥"时期，先祖们从此不仅懂得了"烹"，还懂得了"调"。

周秦、春秋战国时代，是中国饮食文化成形时期，以谷物、蔬菜为主食。到汉代，中国饮食文化进入到丰富时期，这要归功于汉代中西（西域）饮食文化的交流、融合与创新，在引进大量外来物种（如茴香、芹菜、胡豆、扁豆、苜蓿、莴笋、大葱、大蒜等）的同时，还传入了一些新的烹调方法（如炸油饼），同时还发明了豆腐、植物油等新食材。

唐宋则是中华饮食文化的发展高峰，饮食非常讲究。"素蒸声音部、罔川图小样"，最具代表性的是烧尾宴。

鲁菜，起源于山东，齐鲁风味，是中国传统四大菜系中唯一的自发型菜系（相对于淮扬、川、粤等影响型菜系而言），历史悠久、技法丰富、难度高、见功力。

2500 年前源于山东的儒家学派奠定了中国饮食注重精细、中和、健康的审美取向；1600 年前《齐民要术》总结的黄河中下游地区的"蒸、煮、烤、酿、煎、炒、熬、烹、炸、腊、盐、豉、醋、酱、酒、蜜、椒"奠定了中式烹调技法的框架；明清时代大量山东厨师和菜品进入宫廷，使鲁菜雍容华贵、中正大气、平和养生的风格特点进一步得到了升华。

其父文海，七十余载孜孜以求，潜心研究鲁菜之精华，烹得一手独门技艺而名噪江湖，桃李满天下，至今四世同堂，枝繁叶茂。为使张氏鲁菜烹饪技法发扬光大，并让这一厨界瑰宝，翠盖华庭，作为传承人——张宝庭，亦集其三十余载功力，特推出《勺林薪火》之宝典，并指定吾社出版，以馈读者。纪此为跋，以贺以彰！